JN195111

次世代型農業の針路 II

「農企業」のリーダーシップ

先進的農業経営体と地域農業

小田滋晃
伊庭治彦
坂本清彦
川﨑訓昭
編著

昭和堂

はじめに

農業経営の現場を調査で訪れると、そこに関わる人々の活動に、言葉に、次世代の農業の力強い息吹を感じることも少なくない。日本農業には、農業従事者の高齢化や担い手不足といった暗うつとした言辞が長らくつきまとってきたが、次世代農業を切り開く「先進的」農業経営体の胎動が、暗い情勢への光明となりつつあることに疑いはなかろう。そして、革新的な価値やサービスの創造、地域農業・経済の活性化等、農業経営の「先進性」は、地元の様々な関係者・機関との利害対立の克服や協力関係の樹立を含め、地域との健全な関係の確立なくしては発揮されえないという確信（に近い仮説）も、われわれは抱いている。

本書は、農業経営体のありようや経営展開を、現場に軸足を置いて深く追求する京都大学「寄附講座「農林中央金庫」次世代を担う農企業戦略論[1]」、および同講座と連携して活動する研究者や実務者の最新の研究成果を収録したものである。「次世代型農業の針路」シリーズの第2巻として、先進的農業経営体と地域農業・社会との関係性に、理論と実証の両面から光を当てることを狙っている。先進的農業経営体と地域との関係に着目するのは、寄附講座の２０１２年の設置以来われわれが主張してきた「先進的農業経営体の発展には、地域に、家族経営を含む多様で健全な農業経営体――これらを総称してわれわれは「農企業」と呼ぶ――の存在が不可欠である」という命題をどう実証するかという問題意識ゆえである。

「先進的農業経営体は、起業家精神（アントレプレナーシップ）を抱く農業者・経営者が、革新（イノベーション）的な製品やサービスを開発・提供することで興され、成長・発展していく」。こうした見方は、一面では正しいが、十分とは言いがたい。農業の営みは、土地や水など地域の資源への依存度がきわめて大きく、資源を共に利用し、維持・管理する地域の他の農業者、行政や農協、土地改良区など関係諸機関との関係を完全に絶って存続することは不可能である。また、先進的農業経営体のなかには、周辺の農業者と積極的に連携しネットワークを築いたり、地域への貢献を経営体としてのレゾンデートル（存在理由）や目標としたりすることで、ぶれのない持続的な成長・発展を可能とする例もある。農業経営の先進性は、やはり地域農業・社会との関係性の確立・維持・強化を抜きにしては不可能といえるだろう。

本書は、先進的と目される農業経営体や、その経営展開における地域との関係性を理解するための多元的な理論的枠組みや分析の事例を、農業に興味を持つ一般の読者や学生、研究者を主な読者として想定し、紹介するものである。本書を構成する全9章は、先進的農業経営体と地域との関係性を分析・理解するための理論的視角に焦点を当てた第I部（全3章）と、具体的な事例の分析に焦点を当てた第2部（全6章）に配されている。

第I部は「理論編」、第II部は「実証編」の趣をそれぞれ呈するが、前者の理論的検討を後者の実証的分析に適用するという構成を意図しているのではない。むしろ、抽象度の高い理論の構築に力点を置くアプローチにも、具体性の高い現実世界の分析に力点を置くアプローチにも、学術的営為としての多様性があることを読者に理解してもらいたいがゆえの章配置である。

一般に、理論には現実世界における様々な現象を説明しうる普遍的原理原則に迫るという役割が期待されるが、社会・人文科学における理論では対象とする現象の複雑性や領域間の差異が大きく、領域横断的な普遍性の追求よりも多様な理論の並立をみることが普通である。むしろその多様性が、例えば「農業経営」といった社会現象を様々な角度から「批判的に」捉えることを可能にすると考えられる。このことを念頭に本書では、少数の理論的視角を実証分析に適用することより、理論編及び実証編の各章の多様性を前提としつつ、農業経営や地域農業のありようをリアルに捉える理論や分析のあり方について、読者にも検討してもらいたいと考えている。そのため、読者には以下に記した各章のタイトルや概要を参考に、各自の興味関心を惹く章から読んでもらってかまわない。

第Ⅰ部「〈理論編〉先進的農業経営体と地域の関係を探る視点――いま期待されるリーダーシップとは」に配した3章では、主に理論的な議論が展開されている。

第1章「先進的農業経営体における経営資源と経営戦略――地域・農協との連携に焦点を当てて」では、先進的農業経営体がその発展にあたり農協を含む地域の諸主体と築いていくべき関係性を、両者の資源を組み合わせて、協働効果（シナジー）を生み出すための理念的モデルの構築を通じて、検討している。本書の冒頭章として、農業経営の先進性を規定する諸要素についても議論している。

第2章「農地流動化の進展と地域農業ガバナンスの再編」は、水田農業を中心とする個別農業経営の成長・発展と地域農業の維持を図る地域的な取り組みを「地域農業経営」として概念化し、その構成要素である「地域農業ガバナンス」の再編について検討している。

第3章「先進的農業経営体と地域農業・社会――新自由主義的ガバメンタリティとの関連」は、「新自由主義（ネオリベラリズム）というグローバルな社会潮流の中に農食セクターを位置づけ、新自由主義の理念が先進的農業経営体の経営展開と地域との関係性にどう反映されるのかを探るための理論的枠組みを検討している。

第Ⅱ部「〈実証編〉リーダーシップで農業を変える――事例にみる先進的農業経営体と地域の重層的な関係」には、第4章から第9章までの6章を配した。

第4章の「農業法人における経営戦略と地域での取り組み――先進的稲作法人を事例として」は、先進的大規模稲作農業法人4社を具体的事例として取り上げ、稲作経営に係る経営戦略と地域での取り組みを議論している。具体的には、各経営体の経営課題及び課題解決のための対応策（戦術）を、どう生産技術を「技術パッケージ」として組み合わせ技術を進展させるのかという観点から論じ、そのなかで地域社会の一構成員として何に取り組んでいるのかを分析している。

第5章「先進的農業経営体と商工業者との持続的な連携――ミスマッチをいかに防ぐのか」は、先進的農業経営体の経営多角化の一環として期待される農商工連携が、一次・二次・三次産業の各主体の思惑や商慣習の違い等ゆえ継続的な取り組みとなっていないという認識を踏まえ、農業経営体が存在する地域内の各産業部門の事業体が、互いの強みや特徴を商品として引き出せるよう、地域における持続的な連携関係構築の方策を考察している。

第6章「新技術の先行導入者が技術普及に果たす役割――コウノトリ育む農法を事例として」は、新たな技術にいち早く着目し、地域の農業者に影響を及ぼす技術の先行導入者を先進的農業経営体と捉え、彼らが地域農業の維持や向上に果たしうる役割を、生物多様性や環境保全と関連づけた栽培技術「生物多様性保全型技術」の一例で、兵庫県豊岡市を中心に普及している「コウノトリ育む農法」を事例に分析している。

第7章「法人化を通じた農業経営の第三者継承と地域」は、後継者不在の家族経営農業を非家族員である新規就農者が継承する「第三者継承」、なかでも「継承法人を設立して法人代表の交代という形で行われる継承」を分析している。具体的には、福井県若狭町において、地域農業を支える先進的農業経営体となった新規就農者の法人化を通じた継承事例の分析を通じて、継承過程における地域の諸主体の役割について検証している。

第8章「農業経営におけるリレーションシップの管理――「つき合い」取引の経済性と規定性を視点として」は、農業経営者と生産資材の調達先との関係性の一例としての「つき合い」取引の構造及び農業経営の経済性に与える影響を分析する。地域農業を支える先進的農業経営体と目される若手農業者が組織化した株式会社と2名の新規就農者を事例とし、中長期的な視点から地域の諸主体との関係性を構築・維持していることが明らかにされる。

第9章「集落の営農活動とソーシャル・キャピタル」は、集落の営農活動の実施に与える諸要因の中でもソーシャル・キャピタル（ＳＣ）に着目し、集落のＳＣと集落の営農活動との関係を分析する。滋賀県の3集落の営農活動を検証し、法人化した集落営農や大規模個別経営体等、先進的と目される経営体の存在と、各集落の属性、農業生産環境、ＳＣの蓄積状況が絡み合い、各集落の営農活動のありようが規定されていることが明らかになる。

第Ⅰ部と第Ⅱ部の間には、われわれ寄附講座が年2回定期的に開催する一般公開シンポジウム（２０１６年開催の第9、10回分）で企画した、農業経営者や行政関係者、研究者を招いてのパネルディスカッションでの議論を編集した補章が加えられている。パネルディスカッションは、先進的な農業経営者の生の声を聞く絶好の機会であり、読者にも彼らが普段の経営のなかで何を考え、実践しているのかを学んでもらいたいと考えている。

第Ⅱ部の後には用語解説集を挿入し、農業経営の現場や研究の場面で用いられるが一般にはなじみがうすいと目される用語を中心に定義を紹介している。これにより、読者の理解度や農業経営に対する好奇心を高めてもらえれば幸いである。


最後になるが、２０１2年から継続して我々に最先端の農業経営を学び、得られた知識を学生や一般市民に伝えるという素晴らしい機会を提供してくださる農林中央金庫に、深く感謝の意を表する次第である。あわせて、農業現場におけるわれわれの調査に、多忙にも関わらず快く応じてくださる農業者や地域の関係者、紙幅の限られるなか内容を読者に効果的に伝えるための原稿作成に心をくだいてくださる昭和堂にも、心から感謝したい。これら関係者の方々のご支援がなければ、われわれの試みは決して実を結ぶことはないことを肝に銘じ、今後も研究・教育・普及活動に邁進していきたいと考えている。

小田滋晃　伊庭治彦　坂本清彦　川﨑訓昭

注

（1）寄附講座の主な研究テーマや活動内容は、本シリーズ第1巻『「農企業」のアントレプレナーシップ』（昭和堂、2016年）の「はじめに」に記したので、参照されたい。

次世代型農業の針路 Ⅱ

「農企業」のリーダーシップ

――先進的農業経営体と地域農業

目次

第Ⅱ部〈実証編〉リーダーシップで農業を変える
——事例にみる先進的農業経営体と地域の重層的な関係

第Ⅰ部〈理論編〉

先進的農業経営体と地域の関係を探る視点

――いま期待されるリーダーシップとは

第1章　先進的農業経営体における経営資源と経営戦略
――地域・農協との連携に焦点を当てて

小田滋晃
坂本清彦
川﨑訓昭

1　先進的農業経営体と地域の関係

今日、我が国農政が「攻めの農業」を推し進める中、各地に先進的と目される農業経営体が出現しつつある。しかし、六次産業化を伴う例も含め、少なくとも耕種農業に軸足を置く先進的農業経営体の展開は現在進行形であり、その行方を長期的に見通すことは容易ではない。

他方、日本農業を地域で長年支えてきた農業協同組合（以下「農協」）は、政治主導の改革の流れに直面し、組織や運営制度面での変貌を求められることとなった。すなわち、「農家のための農協」を旗印とした政府主導の農協改革の結果、全国農業協同組合中央会（JA全中）の監査・指導権廃止や一般社団法人化[1]、全国農業協同組合連合会（全農）の自主改革など、中央組織の大規模再編のみならず、地域農協の運営に先進的農業経営者を登用するといった地域レベルでの改革も決定している。

このように、ともにその未来に不確定要素をはらむ先進的農業経営体と農協の関係もまた、単純なものでない。現状では、農業資材の調達や農産物の販売といった地域農協の主要な機能的側面において、先進的農業経営体との関係は希薄である場合が一般的といえる。その一方で、先進的農業経営体が農協の資源を効果的に利用して経営を発展させたり、過去の様々な経緯から両者の関係が敵対的なものとなっている場合も見受けられる。

そこで本章では、今後の先進的農業経営体の発展を展望する時、地域や地域の農協とこれらの農業経営体がどのような関係を築いていくことが必要かを、一定の理念的関係モデルを頼りに明らかにすることを課題とする。その際、我々が行ってきた先進的農業経営体による六次産業化、産地農業の展開、アントレプレナーシップにおける農協の役割に関する考察を発展させ、先進的農業経営体と地域農協の両者の有する資源を組み合わせて地域農業の次世代への継承に資する革新的な協働効果（シナジー）を生み出すための理念的モデル構築に重点を置くこととする。

2　先進的農業経営体における先進性

先進的農業経営体の「先進性」を直接的に説明することは、それぞれの多様な経営環境や経営展開ゆえに容易でないが、いくつかの視点から「先進性」を浮き彫りにしていくことで、その輪郭を把握することを試みる。最初に、先進的農業経営体に注がれる地域からの期待を整理しておこう。第1に、地域農業を牽引するリーディングファームとしての期待である。第2に、研修生やインターンシップ生などの受入も含め、次世代の地域農業を担う人材を育成する場としての期待である。第3に、地域農業への先進的技術の先駆的導入と普及、及び社会的貢献活動への期待である。第4に、六次産業化等の事業を主導することによる地域農産物の付加価値の増大効果への期待である。第5に、以上の期待をベースに地域雇用を新たに創出する可能性への期待である。第6に、それらを通じて地域経済を活性化することへの期待である。そして、最後に農地を含む地域の農業生産諸資源を維持・保全し、次世代につなげていく主体としての期待である。

これらの期待を背負う農業経営体の戦略的方向性を整理すると、次の課題が指摘できる。第1に、経営責任者や代表者（以下「経営者」と総称）における所得獲得を目標とするのではなく、経営体そのものの利潤獲得を目指す経営目標の刷新の方向である。第2に、利潤獲得のために、費用低減のみならず、薄利でも価格の維持や引き上げを行いながら、売上の伸長により黒字化を図る利益構造の刷新の方向である。第3に、従業員のモチベーションやインセンティブを高める人事管理や、費用・収益構造の革新を図る財務管理等の経営管理全般に関する刷新の方向である。第4に、経営者の経営指揮権を強力に補佐しうる人材や、売上伸長のための営業担当者の育成・配置といった、経営組織の高度化と適切な人材配置を可能とする条件整備の方向である。そして、第5に経営責任者のアカウンタビリティー（経営成果に対する責任とステークホルダーに対する説明責任）と、その監督・監査としてのガバナンス構造の確保という統治と経営の方向である。

また、経営体の外部主体への対応として次の課題が指摘できる。第1に、農業経営体として地元地域への社会的貢献や説明責任が発生し、それに応えることである。第2に、地域に存在する家族経営を含む多様な農業経営体、農協、その他様々な農業関連主体とのネットワークのハブとなることである。これは、六次産業化等を通じた新たな経営展開を図る場合、特に重要である。第3に、地域内外の異業種を含む農・食関連主体以外の多様な経済主体との連携やネットワーク構築である。

さらに、先進的農業経営体の展開・発展・継承を、その経営者個人の視点で見ると、次の3つの方向が考えられる。第1は、経営者個人が自らの意思と野心を持って事業を展開・発展させていく方向である。第2は、行政やその他の主体があらかじめ農業支援のために策定した制度に便乗する方向である。第3が、事前には全く予見・意図されない機会や運命的な出会い等、偶然性を生かす方向である。

この第3の方向は予見が難しいが、スモール・ワールド現象とも呼ばれる偶然的な人のつながりが、前者2つの方向と絡まりあって、極めて重大な影響や効果を当該経営体の展開・発展・継承に与える場合がある。一般に、地域社会には様々な資質や特徴を持った人々が相互に影響しあいながら存在し、当該地域社会内外をつなぐ人脈として現在まで蓄積されている。こうした人脈を通じ、直接的あるいは間接的な、意外な人のつながりが頻繁に形成される。このようなスモール・ワールド現象を介して生じる偶然的要素が、農業経営体の方向性を規定する蓋然性を高めるとともに、それらの関係が加算的ではなく乗算的に影響し合い、農業経営体やその経営者固有の複雑な特徴となって発現すると考えられる。

3　先進的農業経営体が必要とする経営資源

本節では、新たな経営資源の獲得スキームを視点に右で述べた先進性を備えた農業経営体をいくつかのタイプに分類し、その経営戦略を考察する。

(1) 新たな経営資源の獲得のあり方を考察する際の視点

これまで農業経営学において、経営資源の獲得に関する議論は、主に経営管理論と農法論・技術論でなされてきた。経営者機能、経営計画、組織化、労務・財務管理等が形成する管理領域を考究する前者では、特に生産と労務の面で、異なる形態の経営体が必要とする経営資源について論じられてきた。後者では、主に経営者や従業員の経験・技能等の蓄積可能性を検討し、卓越した農業技術の習得・継承の条件や作業のマニュアル化の可能性等が課題とされてきた。

以上の既存研究の流れをふまえ、先進的農業経営体が必要とする経営資源を考察する前提として、以下の3点を考慮しつつ議論する。第1に、農産物の多様性に起因する各経営の特質や特殊性を考慮しなければならない点である。第2に、先進的農業経営体が新たな経営資源の獲得を志向する契機である。第3に、新たな経営資源をどこから獲得するかという点である。

第1に、土地利用作物と園芸作目を含む耕種作目と畜産と幅広い作目が存在するが、先進的農業経営体と地域や農協との連携に焦点を当てる本章では、耕種作目を主に分析の対象とする。一般に、飼養規模の増大が著しい近年の畜産経営では、作業の機械化やコンピューター管理が進展し、土地利用制約や労働の季節的な繁閑が少ない。そのため、地域や農協と連携の必要性は、飼料設計や共同購入など一部の局面のみに限られ、新たな経営資源の獲得においては極めて限定的である。他方、耕種作目経営では、規模拡大のための農地や雇用労力の確保など新たな経営資源の確保に、地域や農協との連携が重要な意味を持つことが多い。

第2に、新たな経営資源の獲得の契機には、経営を「飛躍」させる契機と経営を「守る」契機の2つがあることを指摘できる。経営を飛躍させる契機は、経営内に確立された安定した生産技術・販売経路のもとで農業を経営の主軸としながら、集出荷業、運送・輸送業、農産物加工業、通信販売業、コンサルティング業などに取り組むための新たな経営資源獲得志向である。経営を守る契機は、先進的農業経営体が築いた生産体制や販売体制を含む既存の経営体制を、農業経営体の外部環境や経営条件の変化に対応し、守るための新たな経営資源獲得志向である。

第3に、先進的農業経営体が新たな経営資源を利活用するためには、資源の量だけでなく質の確保も欠かせないことから、どの主体からどのように資源を獲得するかが問題となる。自経営単独で新たな資源が獲得可能なのか、地域や農協、その他の主体との連携やネットワーク化が必要なのかを考慮せねばならない。また、必要とする経営資源が既に経営内や地域に存在する未利用資源であるのか、資源の存在する場所から探索する必要があるのかについても考慮せねばならない。

(2) 経営タイプ別の経営戦略と新たな経営資源

これまでの我々の研究[2]において、農業における経営戦略を「将来に向けた経営の方向性や目標を達成するために農業経営体が行う経営資源の望ましい配分とその利活用の決定」であると定義してきたが、具体的に「戦略を立案する」ことの核心は、以下の4点を明確化することと考えられる。第1にどのような事業を展開するのか、第2に事業実施にはどのような経営形態が望ましいのか、第3に事業の目標と使命をどのように決定するのか、第4に事業実施にあたり内部化する部分と外部化する部分をどう仕分けるかという点である。これを踏まえ、右記の新たな経営資源獲得のあり方と経営戦略の連関を、先進的農業経営の経営タイプ別に論じる。

①地域共有の組織(JAの部会や集落営農組織等)からの情報に依拠し経営戦略を立案するタイプ

我々のこれまでの研究調査を通じて、稲作地域や果樹作地域を中心に、一年一作の栽培体系を基本として、一定の出荷量をまとめるために集出荷体制を構築し市場競争の中で優位性を発揮してきたタイプの経営が見出される。

特に果樹作の場合、自然条件により栽培作目が一定程度規定されるため、同じ作目を生産する農業経営体が同一産地に集積しやすくなる。このような作目では、品質の高い農産物への需要が高く、高度な栽培技術の安定化や持続化が不可欠である。そのため、共同販売だけでなく、新たな栽培技術の開発や新品種の導入を推進する組織が創出され、農業経営体への技術等の提供が行われてきた地域も多い。このような地域では、厳格な選果基準のもとで一定量の荷をまとめ、市場等での取引で優位性を発揮してきた。そのため、地域内の技術普及や販売管理を行う組織からの情報に従い、伝統的に自経営の経営戦略を立案することになる。

このような地域の経営体（表1のタイプ①-1）では、立案した経営戦略のもとで必要な経営資源の多くは地域内で調達される。こうした地域では家族経営が経営形態として一般的で、農家経済の持続性を主目標に経営が営まれてきた。小規模な経営体独では獲得不可能・困難な資源を得るために、協同組合や任意組合を創設し、共同購入・共同販売による市場競争力の強化とブランド力の強化が図られる。

果樹作地域と同様に、稲作地域でも経営体が同一地域に集積し、集出荷体制を構築するとともに、高度な栽培技術の安定化・持続化のための地域組織が活躍してきた。各経営体は、地域組織からの栽培情報や出荷情報に依拠して経営戦略を策定し、品種の選択や機械の更新などに取り組んできた。一方で、稲作地帯では1990年代から地域農業生産資源の保全などを目的に、集落営農組織の設立も進められてきた。農業では農地の保全が重要であり、地域内の農地を利用権設定や売買によって集落営農組織に集積することが求められてきた。こうして集まった農地を継続的に利用するために、新事業・新商品の開発と広範な販売網の構築が行われており、地域の女性や高齢者、地域の農産物といった未利用資源を利活用する六次産業化も展開されてきた。

このような地域では、市場競争力やブランド力の強化を図る協同組合や任意組合、農業生産資源保全を図る集落組織などが創設され、地域の農業経営体（表1のタイプ①-2）は、これら地域の共有組織が提供する情報に依拠して、地域資源の保全に向けた経営行動をとる。

②経営体独自の情報収集に基づき、経営戦略を立案するタイプ

次の経営タイプは、経営者や経営幹部が独自に収集する情報をもとに、自社農産物等のブランドイメージの確立やシンボル化のための経営戦略を立案し、事業展開を図るものである。

今日、販売金額を拡大させている先進的農業経営体の多くは、作目を問わず農産物の加工業、集・出荷業、運輸送業、通信販売業などへの取り組みを契機に飛躍を遂げている。このような農業経営体は、自社農産物の販売量の拡大に伴い増大する需要を自らの農産物だけでは満たせないため、地域の農業者との契約生産や生産物の買い取り等の連携により販売量を維持、拡大させ、販売金額を増大させている。また、増大した売上げを経営の財務基盤の安定化につなげ、自社農場の拡大を容易にするとともに、上記の関連事業の展開を可能としている。

農業以外の事業を展開する場合、連携する外部の農業経営体や企業との連携が重要である。加工事業や付加価値化を進める場合には、事業主体は提携企業に原料農産物を供給し、手を加えられた製品を自社の商品として販売網に乗せる。商品開発に当たっては、農業経営体と提携企業との間で情報がやり取りされ、商品のコンセプトやスペックが決定されていく。また、レストランなどのサービス部門を展開する場合には、新たな人材の確保や設備の設置のため、既存の人的ネットワークの域を超えた資源の探索が必要となる。

表１　多様なタイプ別の農業経営体の具体的事例

①－1	主要な柑橘産地である和歌山県、愛媛県では、各産地の歴史的背景により出荷方法や組織編制に産地ごとの特異性が見られる。他方、これら産地の各農家レベルでは、家族経営内で生産技術の育成を図りながら、販売の安定的持続化を達成している点は共通する。また、集出荷組織、農協、自治体が産地維持に向けて、個々の家族農業経営と連携して各種活動を展開している。
①－2	京都府南丹市の集落営農組織Ｔでは、60 代３名、70 代４名のオペレーターが転作作目を中心に生産している。組織に任せた圃場でも畦畔管理・肥培管理を組織員農家が担い、有償・無償の管理作業労働力として参加させている点が特徴である。
②	一事例である和歌山県紀の川市のＮは、IT 企業勤務を経て新規就農した経営者が、地元ＪＡ紀の里の産直施設「めっけもん広場」での野菜直販、加工向け野菜販売の出荷・決済、出荷用コンテナのリース利用、農協所有施設の貸与を含む事業提携によるイチゴの観光農園など、農協のインフラを最大限利用しつつ自らの資本装備肥大に伴うリスクを最小限に抑えることで、身軽かつ堅固な経営基盤樹立と経営体としての飛躍を可能にしている。
③－1	愛媛県の連合組織Ｍでは、減農薬生産による柑橘類の栽培や海産物などの加工及び販売を行っている。また、若手の新規就農者育成も手がけている。これら主要部門の他に直営農場も有し、柑橘類の他に有機農法によるじゃがいもなどの根菜類も生産する。直営農場で生産されたものは、全量Ｍへ出荷している。
③－2	奈良県の農業生産法人Ｏが例として挙げられる。主産物の柿や梅、さらに野菜を減農薬で栽培しているが、取引き相手の販売先により生産方式が異なっている。そのため翼下の経営体は、販売先に合わせた生産を行う必要があり、畑単位で使用する農薬・薬剤の種類・量が決められている。生産者は各自で選別を行い、出荷するが、厳格な規格基準により、青果・加工へと振り分けられる。

出所：筆者作成。

③リーダー的な農業経営体を中心にグループを形成し、その下での情報に基づき経営戦略を立案するタイプ

主にタイプ②の独自の情報収集を行う農業経営体をリーダー的存在とし、その下で情報を収集し、経営戦略を立案する経営タイプが存在する。このような場合、リーダーとなる経営体を中心に類似する経営観を持つ農業経営体が集積し、グループを形成する事例が多くみられる。グループは地域内で形成される場合もあれば、地域を超えたより広域の範囲で形成される事例も見受けられる。

このようなグループでは、リーダー的経営体が取り組む栽培方法、加工技術、連携する消費者層に共感し、同様の経営理念のもとで、グループ全体の経営目標を達成するために、各経営体が経営戦略を立案する。生産活動に必要な経営資源はリーダー的経営体が調達する場合が多く、傘下の多くの経営体に、有償

もしくは無償で技術・資材・販売先などが提供される。そのため、消費者ニーズに合った品目や栽培方法の転換が容易に行える一方で、傘下の農業経営体はリーダー的経営体の経営理念に制約を受けることも考慮する必要がある。

このタイプ③の農業経営体は、リーダー経営体の展開方向により2つのタイプに細分できる。③-1は、次代の農業を担う後継者の育成と地域社会との良好な関係性維持を目標に経営に取り組み、傘下の農業経営体も農業生産活動を通じて地域資源の価値の再認識や新たな価値創造を図るもので、消費地から離れた地域や高齢化の進む中山間地で多く見受けられる。他方、③-2は、有機農法などの特定の栽培方法に共感する農業経営体同士がグループを形成し、事業を展開するものである。この場合、販路の拡大や消費者ニーズにあわせ、グループ内で生産された農産物を原料としたカット野菜等の加工事業展開や、地域伝来の伝統農産物の再評価と継承がなされる場合が多い。

4　先進的農業経営体における理念的連携モデル

本節では、前節で示した5つの経営タイプ別に、事業展開上必要となる経営資源調達のため連携する他の主体との関係性を考察する。その際、新たな経営資源を獲得する契機と経営資源の量・質の確保という視点を考慮して分析を行うこととする。

タイプ①-1の先進的農業経営体では、伝統的な産地において形成してきた販路や生産基盤の持続と、新たな販路発掘や新事業による飛躍という2つの方向性が考えられる。消費者ニーズの多様化や農産物流通関連制度の変化に対応し、既存の生産基盤や販路を維持することは容易ではなく、現状維持のために必要な経営資源の獲得も想定しなければならない。この際に必要となる経営資源は特に「ヒト」(人材)であろう。この場合の「ヒト」には経営の後継者のみならず、雇用労働力の確保も含まれる。今日まで後継者の育成といえば、親や親方的存在の農業経営体や指導農業士による新規就農者への実地研修、農地の確保、就農後の指導や相談を通じて行われてきた。近年は農協、行政、農家や生産組織が連携し、後継者を育成する研修施設等[3]を設置する事例が増加している。今後、後継者の確保を必要とする経営体はこのような研修施設と連携していくことが想定される。労働力の確保についても、農協や行政が管理団体となり「外国人技能実習生」を受け入れる事例が増加しており、今後農業経営体がこのような取り組みと連携していくことが想定される。

次に、新たな販路や新事業に乗り出し飛躍を目指す場合、相応の「カネ」(資金)も必要となるが、特に必要となる経営資源は「モノ」(物的資材等)であろう。近年では、農協や行政による農業資材や機材の有効活用への取り組みが進められ、新事業のために「モノ」資源を求める農業経営体との連携が期待されている。例えば農協が、中古の農業機械や資材の出し手と受け手双方の農業経営体のデータを集め、マッチングを行う事例[4]が出現しつつある。この場合、出し手が一般企業、自治体や大学・研究機関であることも想定される。

タイプ①-2の地域の農業生産資源保全を目的とする先進的農業経営体、特に集落営農組織が地域農業の中軸となるケースでは、地域内の遊休資源の利活用や都市交流を通じた地域活性化等の取り組みがされている。この際、特に必要となる経営資源は「ヒト」と「トチ」(土地=農地)であろう。具体的には、地元農産物を利用した加工品販売、食材提供、その食材を生産するための遊休農地の利用、地域の余剰労働力(例えば、主婦や高齢者)の雇用などが進められる。これら経営資源を効率的に獲得するためには、地域社会との良好な関係性の構築が欠かせず、特定の農地だけでなく集落や地域に面的な広がりをもつ農業生産資源や環境の保全につなげる取り組みが不可欠である。[5] 面的広がりをもつ取り組みの推進のため、農協、行政、集落組織、地域住民が地域農業ビジョンを共有し、農業生産を行うという連携関係の構築が必要となる。

②経営体独自の情報収集に基づき、経営戦略を立案するタイプ

タイプ②の先進的農業経営体については、様々な経営者の経営理念に基づく経営戦略のもとでとられる経営行動を一括りに捉えることはできず、多様な事業運営が想定できる。具体的には、加工業、観光農園、フランチャイズ型経営、コンサルティング業などの展開が考えられる。それら事業の多様な展開に呼応して、必要となる経営資源も「ヒト」「モノ」「カネ」「トチ」「ネットワーク」と、それらの組み合わせと多様な展開を見せる。

これら多様な事業展開が想定される中で、そこに共通して必要とされる経営資源としては以下の3点が挙げられる。第1に、これら事業展開を図るうえで、健全で有用な「人」的「ネットワーク」の形成が必要とされる点である。第2に、「モノ」としての地域資源の価値認識と「モノ」の新たな価値創造が不可欠である点である。第3に、「ヒト」「モノ」「カネ」「トチ」「ネットワーク」の多様性を認識し容認することである。

先進的農業経営体が経営資源獲得のため連携を図る際に、経営資源の多様性を認識・容認するとともに、連携先となる主体が取り組む事業の多様性の意義も評価する必要がある。近年、農協の営農指導体制の改革が求められ、個々の組合員の実態に合わせた指導が行われるなど、多様化が進んでいる。これまで先進的農業経営体の中には、短期間で経営発展を遂げたことで農協組合員など周囲からの妬みを招き、農協と袂を分かつものも見られた。今後は、先進的経営体と農協及び地域の他の農業経営体がお互いに多様性の意義を認識・容認し、折り合いをつける調整能力を求められるだろう。

③地域内の中心的な農業経営体を中心にネットワークを形成し、その下での情報収集に基づき経営戦略を立案するタイプ

タイプ③-1の先進的農業経営体では、次代の農業を担う農業後継者の育成と地域社会との良好な関係性を目標に経営戦略を立案し、経営行動をとる。このような経営体では、立地する地域の条件に合わせ、農業生産に事業の主軸をおきつつも、他事業も併用しながら、雇用の新たな創出や就業機会の維持を図る。また、リーダー的経営体が雇用・育成する若手農業者だけなく、ネットワーク傘下で契約する各農業経営体も後継者の育成に取り組む。

このような場合に必要となる経営資源は主に「ヒト」と「ネットワーク」であろう。地域資源を活かした事業展開において、地域に存在する男女別、年齢別の各層それぞれに適した業務を提供することで「ヒト」の確保に取り組む事例が出現している。また、類似する経営観を持つ農業経営体だけでなく、取り組みに共感する消費者との「ネットワーク」の構築を図る事例が多く見受けられる。そのため、このタイプの先進的農業経営体では、事業推進上必要な「ヒト」資源獲得のため、地域社会との良好な関係を構築し連携するとともに、外部主体との「ネットワーク」を構築するため、例えば生活協同組合など共通の価値観を有する消費者グループ等の主体との連携を図ることが想定される。

タイプ③-2の先進的農業経営体では、地域内外の生産者および生産者グループとネットワークを構築し、農産物の周年供給を図る。このような経営体で必要となる経営資源は、主に「モノ」と「ネットワーク」であろう。生産者間で生産技術情報を共有し、品質の高位安定化や規格の標準化を図るためネットワークが形成されることもある。リーダー的経営体は出荷量の配分や調整を行う役割を担うが、気象条件などで供給に大幅な変動が生じた場合はバッファーとしても機能する。バッファー機能は、経営活動の比重が加工部門にシフトするほど、増大することが予期される。

5 先進的農業経営体にとっての「攻め」と「守り」

本章で考察してきたように、異なるタイプの先進的農業経営体では、その経営戦略や必要とする経営資源の内容も異なる。そうした多様性の中に共通するのは、経営の発展に資する事業のみに経営資源を集中させては、経営の持続性にはつながらないということである。２０１６年11月に、政府の「農林水産業・地域の活力創造本部」において、農業者の努力だけでは解決できない構造的問題に対応するため、13の項目からなる農業競争力強化プログラムが決定され、それにもとづき8つの法案の整備が進められている。このプログラムの中では「流通・加工の構造改革」、「戦略的輸出体制の整備」「飼料用米の推進」など、新たな事業を推進し「攻め」の農業の展開に向けた構造問題の解決が謳われている。しかし、見過ごしてはいけない点は、これまで個々の経営体が展開してきた事業をいかに維持していくか、言い換えれば「守り」の側面である。この「攻め」と「守り」の適切なバランスを維持していくことこそ先進的農業経営体に求められる資質であるといえる。

本章をまとめるにあたり、先進的農業経営体の持続性と発展性に関して、我々が持つ次のような仮説を紹介したい。それは、家族経営に代表される「生業」としての農業経営体を含む「農企業」に総称される多様な農業経営体が地域や集落に並存することが、先進的農業経営体の持続と発展を支える条件になるという仮説である。今後、この仮説の実証は、我が国農業の展開方向を見極める上で重要な作業になると考えており、全力をあげてこの作業に取り組みたい。

［付記］本章は、小田滋晃・坂本清彦・川崎訓昭（２０１７）「先進的農業経営体における経営資源と経営戦略——地域・農協との連携に焦点を当てて」（『生物資源経済研究』第22巻、99～１１２頁）をもとに、新たな知見を加えて加筆・修正したものである。

注

（１）２０１５年の農協法の改正により２０１９年9月までに実施される。
（２）文献［１］～［４］などが挙げられる。
（３）岐阜県飛騨地域では、ＪＡひだが中心となり、行政・農業者・生産組織と連携し、２０１５年に「飛騨地域トマト研修所」を設立した。ここでは、2年間の研修期間で講義・実習を交えたトマトの生産技術・経営管理等の研修を行っている。
（４）同様に、ＪＡひだでは、農業資材・機材の有効活用のため、出し手農家と受け手農家のデータを収集し、マッチングを実施することで、それら資材・機材の稼働率を向上させ、農業生産の拡大に取り組んでいる。
（５）宮城県登米市では、「つなごう地域農業築こう豊かな地域社会」をスローガンに環境保全米づくり運動に取り組んできた。登米市とＪＡみやぎ登米が中心となり、地域住民と連携しながら地域全体で環境保全米づくりに取り組んできた結果、現在では水稲作付面積の80パーセント以上で環境保全米を作付けされるほどの面的広がりを見せている。

参考文献

［１］小田滋晃・長命洋佑・川崎訓昭編著（２０１３）『農業経営の未来戦略Ⅰ　動きはじめた「農企業」』、昭和堂。

［２］小田滋晃・長命洋佑・川崎訓昭・坂本清彦編著（２０１４）『農業経営の未来戦略Ⅱ　躍動する「農企業」——ガバナンスの潮流』、昭和堂。

［３］小田滋晃・坂本清彦・川崎訓昭編著（２０１５）『農業経営の未来戦略Ⅲ　進化する「農企業」——産地のみらいを創る』、昭和堂。

[4] 小田滋晃・坂本清彦・川﨑訓昭編著（2016）『次世代型農業の針路Ⅰ 「農企業」のアントレプレナーシップ――攻めの農業と地域農業の堅持』、昭和堂。

第2章 農地流動化の進展と地域農業ガバナンスの再編

伊庭治彦

1 地域農業ガバナンスの検討にあたって

本章の課題は、水田農業を中心とする個別農業経営の成長・発展と地域農業の維持を図る地域的な取り組みを「地域農業経営」[1]として概念化し、その構成要素である「地域農業ガバナンス」の再編について検討することである。

地域農業経営は、個別農業経営と地域農業という点と面の二つの次元の補い合う関係[2]を基礎としつつ、両次元の非効率を是正するための事業を運営することにより目的の遂行を図る。同時に、事業の内容や方向性を評価するための内部制度＝ガバナンスによりその適正性を確保する。しかし、近年、農地の流動化が高度に進展している地域[3]において地域農業経営に関わる機能が低下しており、とくにガバナンス機能の低下が著しい。すなわち、個別農業経営の成長・発展と地域農業の維持を図る方策として促進されている農地流動化の進展が、一方で地域農業の維持を不安定化する要因となっている地域が見受けられる。ついては、本章では農地流動化の高度進展地域を対象として課題への接近を図りたい。

なお、このような課題設定は、次の3つの現状認識に基づいている。第一は、地域農業資源の保全管理等にとどまらない戦略的な地域農業の維持・振興への取り組みが必要になっていることである。農産物市場における競争の激化や価格の低下傾向がつづくのに伴い、農業生産の効率化に加えて生産物の差別化や高付加価値化等による価格維持の必要性が高まっている。そのような市場環境において生き残りを図るためには、地域農業全体としての取り組み体制の構築が求められている。

第二は、農業生産を効率化するための重要な取り組みである農地流動化が、農家数の減少を伴うことにより、農事実行組合等の農業者組織（以下、「農業者組織」と総称する）が担ってきた地域農業経営を構成する2つの機能、すなわち「事業運営機能」と「ガバナンス機能」の低下を招いていることである[4]。前者の事業運営機能は、地域農業経営における経営者職能と同義であり、その低下は、直接的に第一の点での取り組みに支障を生じさせる。後者のガバナンス機能の低下は、地域農業経営において事業運営をとおして推進される地域農業の方向性に関する適正性のチェックが行われないことを意味する。その結果、多くの局面において非効率が生じることになる。このような農業者組織の機能低下は、地域内の農家数の減少幅が大きいほど、また、入り作が多く農地所有と農業経営の乖離幅が大きいほど、著しくなる傾向が見られる。

第三は、第二の点に示した問題と関係して、農業の負の「外部性[5]」に起因する問題が顕在化しつつあることである。例えば、農村では次のような農作業時の問題をよく耳にする。

・早朝の機械作業時の騒音
・籾摺り作業時の粉塵

・農業機械の圃場間移動に伴う道路の汚損
・農薬や肥料散布時の悪臭・飛散
・稲わらの焼却時の煤煙　等

これらのような住環境に対して負の影響を与える農作業に伴う外部性は以前からあった。ただ、小規模農業経営が地域農業の多数派であった時は、作業が分散され影響が小さかったこと、また、「お互い様意識」があったことにより大きな問題になることは少なかった。しかし、農業経営の規模拡大により個々の農作業に派生する負の外部性が大きくなり、同時に地域内の非農家割合が上昇することにより、負の外部性を抑制し住環境を維持することの重要性・優先性が高まっている。このような社会および農業の構造変化により、農業の負の外部性は地域社会における農業者と地域住民間のコンフリクトの要因となるとともに問題は深刻化している。さらに、そのことへの対応は農業経営にとって新たな経営管理対象の一つとなり、種々の費用を増加させている。同問題に対して、農業者組織が上述した地域農業経営に関わる機能を充足しているときには大きなコンフリクトとなる前の対処が可能であった。しかし、農業者組織の機能が低下する一方で、その機能を代替する主体が存在しないとき、農業の負の外部性に起因する問題が顕在化するのである。とくに、ガバナンス機能が欠落する地域では問題の是正方向が見いだせず、問題が深刻化しやすくなる。

なお、本章での検討を進めるために使用する用語の意味は次のとおりである。まず、地域農業経営を「各個別農業経営が一定の関係性を有する地域範囲において、個別農業経営の成長・発展と地域農業の維持を目的として農業生産およびその他の関連する事業を運営し、さらには農業による外部性への対処において地域社会との共存を図る取り組み」と定義し、加えて「事業運営は地域農業に関係する各種主体間の協力や役割分担を基礎として行い、ガバナンス（統治制度）をとおして事業運営の適正性の評価や是正を行う」ことを前提とする。

すなわち、地域農業経営は、事業運営機能とガバナンス機能の充足により効率的に実践されるのである。その上で、地域農業ガバナンスを「地域農業経営において事業運営の適正性を評価し確保するための仕組みや慣行等の制度」と定義する。また、事業運営においては、以下で説明する事業運営機能主体と、営農活動を先導的に行う担い手としての個別農業経営の二つの主体が中心的役割を担うことになる。とくに、後者の個別農業経営に関しては、小田他［2013］[6]に基づき「リーディング経営」[7]と概念化する。

2 事業運営機能の移転とガバナンスの再編

これまで多くの地域では、地域農業経営の主体は集落内の全農家が公的に組織する農業者組織であった。農業者組織は事業運営機能とともに組織内にガバナンス機構を備えることによりガバナンス機能を充足してきた[8]。図1はその典型例である。農業者組織が行う地域農業経営においては、理事会が事業運営機能を担い、それに対するガバナンス機能を担うのは全組織員により構成される最高意思決定機関としての総会である。事業運営に際しては、個別農業経営間の役割分担・協力体制を基礎としつつ、少数のリーディング経営がリーディングすることにより推進されてきた。

しかし、農業者組織の地域農業経営主体としての二つの機能が低下するに至った地域では、事業運営機能がリーディング経営としての個別農業経営へ移りつつある。すなわち、リーディング経営自身が地域農業の方向性（作付品目・品種、栽培方法、集出荷方法、加工・販売への取り組み、等）を推進する事業運営機能主体として、意思決定および関係者間の協力体制の形成といった事業運営機能を担い、かつ一般の個別農業経営に対する

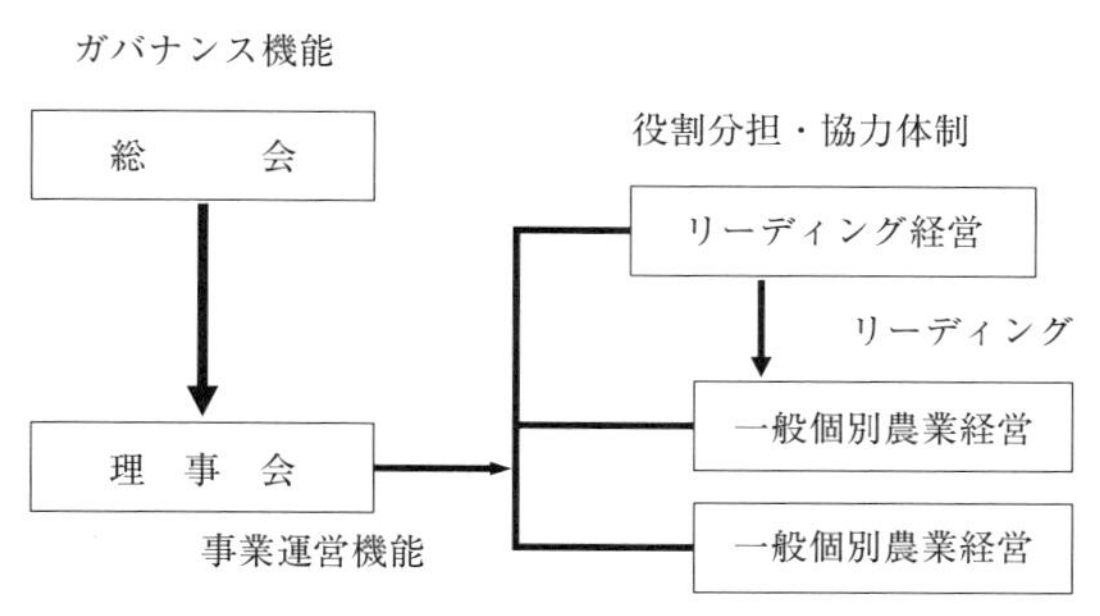

図１　農業者組織による地域農業経営の構造

出所：筆者作成。

リーディングを行うことになる。ただし、リーディング経営が担う事業運営を統治するガバナンスを再編することは容易ではない。例えば、集落一農場方式の集落営農がリーディング経営である場合は、集落営農の内部にガバナンス機関を設置したり、農地所有者の組織化を図り「二階建て組織」としたりすることによりガバナンス機能を発展的に引き継ぐことは可能である[9]。しかし、そのような集落営農が組織されていない地域ではガバナンスが欠落したままであることは少なくない。このことが意味するのは、地域農業の振興方向の適正性を評価・確保する制度がないがゆえに、一般の個別農業経営をはじめとする地域農業関係主体間に共通認識や協力体制を形成することが困難化し、地域農業経営上に種々の非効率が生じることである。したがって、農業者組織が担う地域農業経営に関わる機能の低下に関しては、経営者職能のリーディング経営への移転だけでなく、これと一体的にガバナンスの再編を図ることが望まれるのである。

3　地域農業ガバナンスの再編の論理

(1)　地域農業ガバナンスにおける問題への接近

本節では、地域農業経営を構成するガバナンスについて「誰が」、「誰を」、

「何に関して」、「どのように統治するか」を、新制度派経済学のプリンシパル＝エージェント論に依拠しつつ検討し、新たな地域農業ガバナンス（Governance for Community Farming：GCF）の構造と機能を明らかにする。

さて、多くの農地流動化進展地域においてリーディング経営が農地集積の受け手となり大規模経営として成長を図っている。その結果、当該地域の農業者組織が地域農業経営において担ってきた機能が低下するに至った場合、リーディング経営が事業運営機能を担うことになる。リーディング経営による事業運営が地域農業経営として、すなわち地域農業や地域社会の厚生の維持にとって適正か否かを評価するガバナンス機能を担うのは、「地域農業の有り様と利害関係を有し、リーディング経営に影響を与え得る主体」である。具体的には、リーディング経営に協力し地域農業の維持に取り組む一般個別農業経営、リーディング経営等に農地を委託する農地委託者、さらに農業の外部性の影響を受ける地域住民であり、これらを「地域農業関係主体」と呼ぶこととする。なお、当然のことながら、一般個別経営および農地委託者は、同時に農家および土地持ち非農家という属性を有する地域住民でもある。ここに、「事業運営機能を担うエージェントとしてのリーディング経営」と、「事業運営の適正性を評価するガバナンス機能を担うプリンシパルとしての地域農業関係主体」とを構成要素とする新たな地域農業経営の構造を概念化することができる。したがって、地域農業ガバナンスは「プリンシパルである地域農業関係主体が、エージェントであるリーディング経営が行う地域農業経営としての事業運営の方向性に関して、地域農業および地域社会の厚生の維持を主たる基準として評価し適正性を確保するための制度である」と再定義できる。

以下では、このような分析枠組みに基づき、上述した地域農業ガバナンスの問題の所在を確認し、求められる機能を検討する。なお、図2は以下で示す新たな地域農業経営の構造を示している。

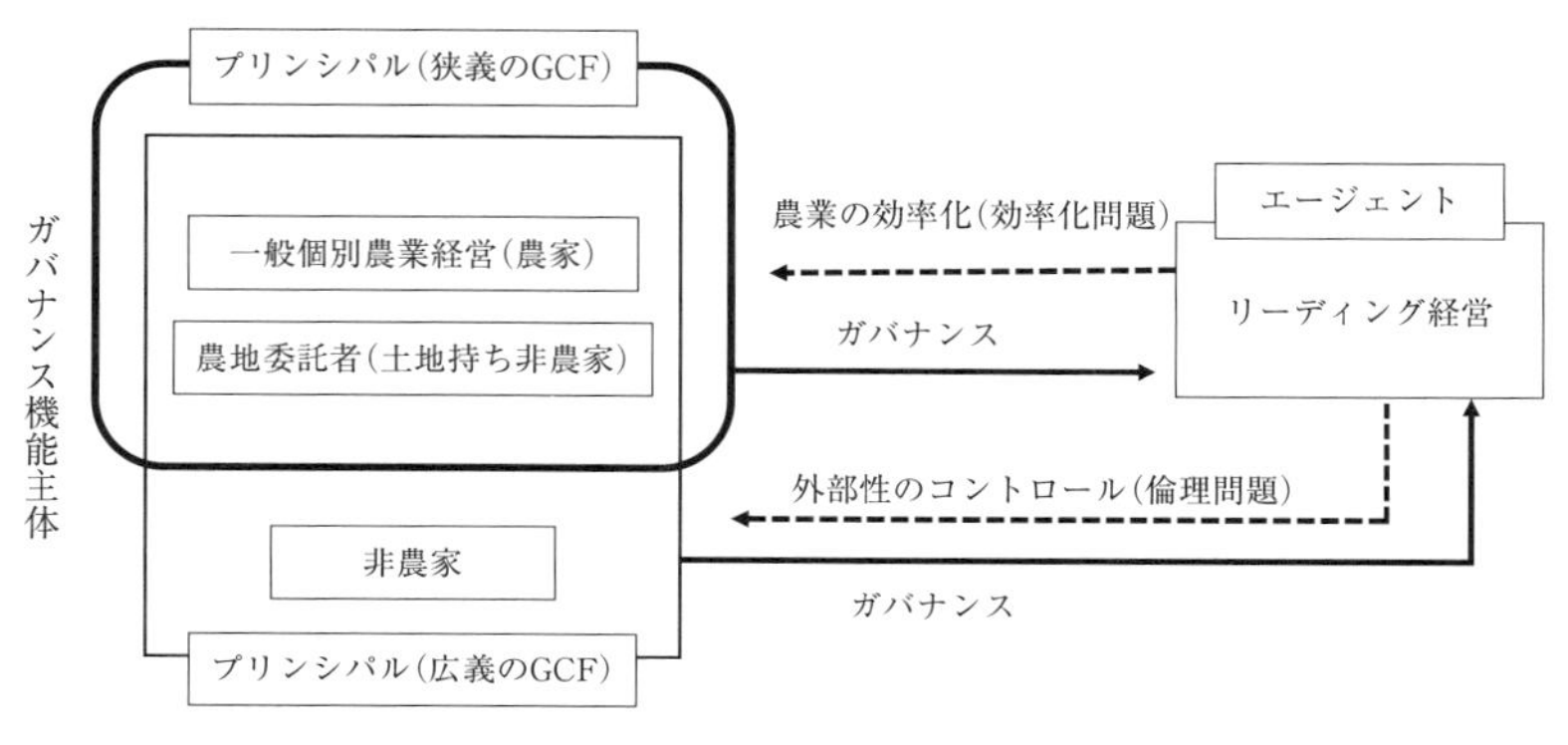

図2　農地流動化地域における地域農業経営の再編

出所：筆者作成。
注：GCF は地域農業ガバナンス（Governance for Community Farming）の略。

(2) 狭義の地域農業ガバナンスの機能

まず、個別農業経営の効率問題に関わる狭義の地域農業ガバナンスに関して、大きくは2つの問題への対処が求められる。第一はリーディング経営が担う地域農業経営としての事業運営における個別農業経営間の経済効率性あるいは負担のバランスであり、第二は農地貸借に関わる条件の受委託者間のバランスが対象となる。第一の点に関しては、各個別農業経営が有する資源の賦存量に照らして、それぞれが引き受け可能な役割分担であることが必要である。多くの小規模農業経営は追加的な負担を引き受けることが容易ではない一方で、地域農業を維持するための事業運営には一定量の農業者を確保する必要がある。したがって、リーディング経営が担う事業運営において、各個別農業経営が持続的に参加可能である役割分担およびインセンティブがデザインされているか否かを評価することがガバナンスに求められる。ただし、役割分担の平等性を重視する農村社会にあって、事業デザインの公平性を周知することが必要である。この点で、組織的な取り組みにおいて情報開示を行い、事業参加者間の情報の非対称性を是正することが望まれる。

第二の点に関しては、農地の委託者は低費用かつ良好な状態において農地を所有することを望み、リーディング経営をはじめとする受託者も低費用での農地集積を望む。このことから、両者にとってバランスのとれた農地貸借の条件が設定される必要がある。近年では、農地貸借において借地料の水準だけでなく、農作業支援の有無[10]、租税公課の負担の有無、地域農業経営として取り組む共同活動への参加の有無等が貸借条件に含まれるようになっている。さらに、入り作経営が受託者である場合には条件もより複雑になる。このような状況の背景には、受託者側において人的資源の確保なくして規模拡大を続けることは極めて困難になりつつあることがある。そうであるからこそ、農地の受委託者の間の利害を一致しうる貸借条件のバランスが重要になる。併せて、中長期的に受委託者間の利害の一致を図るためには、適宜条件を見直すことが必要になる。なぜなら、貸借後の受委託関係は人的にも条件的にも硬直的になりやすい一方で[11]、環境変化の速度が増しているからである。このような農地貸借に関わる条件の策定と見直しをスムーズに行うには、地域内の関係者が同問題に関する共通認識を有することが必要になる。

なお、以上の第一、第二に関わる取り組みに共通するのは、各主体が「個」対「個」の関係ではなく、地域農業という枠組みにおいて共同して、あるいは組織的な関係において取り組むことの有効性である。このことが意味するのは、地域農業経営におけるガバナンス機能の重要性である。

(3) 広義の地域農業ガバナンスの機能

次に、地域農業と地域社会の間の倫理問題に関わる広義の地域農業ガバナンスに関して、リーディング経営が地域農業経営の事業運営機能を担うとともにリーディングすることにより方向付ける地域農業の有り様は、その派生する外部性によって地域社会の住環境といった厚生の水準に影響する。その影響を受ける側の地域住民（農家、土地持ち非農家および非農家）は、自己の立場において外部性を評価し、地域農業への支援もしくは制約を課すといった行動をとることが可能である。このことから、地域住民はリーディング経営をエージェントとするプリンシパルとしてガバナンス機能を担うことになる。

ただし、負の外部性を派生する農作業に対して直接的に制約を課すことは、地域住民と農業者の間にコンフリクトを引き起こし、問題を大きくすることが往々にしてある。したがって、地域住民と農業者が反目するのではなく、正の外部性の活用を含めた互恵的な関係を形成することにより、負の外部性を抑制しうる地域農業を創出することが地域農業経営に求められるのである。換言すれば、そのような互恵関係を形成する事業運営がリーディング経営に求められるのである。例えば、地域住民による地域農業資源の保全管理への協力は、リーディング経営をはじめとする規模拡大を志向する農業経営の費用を低減する。同じく、地場産農産物の安定顧客となるといったことによる支援は農業経営の安定化につながる。一方、農業者の側では騒音の大きな作業は早朝以外に行ったり、農薬散布の事前予告を行ったりする等の配慮は可能である。すなわち、地域農業の有り様を媒介として地域住民と農業者が相互にインセンティブを設定し互恵関係を形成しうる事業運営が地域農業の維持に大きく貢献するのである。ただし、このような取り組みの要件として、両者間の信頼関係の確立と、両者に共通する地域社会への貢献意欲の醸成は必須である。そのためには公式的な場において地域農業経営に関する情報が開示される必要がある。

この点で、プリンシパルである地域住民は個としてではなく組織的に活動することがガバナンス機能の充足に有効となる。一方、エージェントであるリーディング経営についても個ではなく集団的な対応を求められることになる。そのことが、リーディング経営が担う事業運営機能と、地域農業関係主体が担う事業の適正性を評価するガバナンス機能の両方が充足される基盤となる。すなわち、地域農業ガバナンスの再編とは、「個」対「個」ではなく、「地域農業関係主体組織（プリンシパル）」対「リーディング経営集団（エージェント）」という関係への再編という側面を有するのである。換言すれば、このようなプリンシパルとエージェントの関係に基づくガバナンスの機能化には、双方の間に信頼関係を基礎として互恵関係を形成することが重要であり、その結果、地域社会貢献を目標の一つとする地域農業経営が実践されることになる。したがって、地域農業ガバナンスは倫理問題としての性格を有するといえるのである。

4　地域農業ガバナンスの再編の方向

本章では、農業者組織が担ってきた地域農業経営における2つの機能のうちガバナンス機能に焦点を絞り、地域農業ガバナンスの再編に関する理論構築を試みてきた。その前提は、地域農業ガバナンスの欠落により個別農業経営、地域農業、さらには地域社会に種々の非効率や問題が生じる、というものであった。最後に、これまでの検討から得られた帰結を整理しまとめとする。

第一に、新たな地域農業ガバナンスは、地域農業関係主体をプリンシパルとし、リーディング経営をエージェントとする構造へと再編される。その際、ガバナンスが対象とする問題により、狭義のガバナンスと広義のガバナンスに区分され、それぞれにプリンシパルと求められる機能が異なる。

第二に、狭義の地域農業ガバナンスにおいては、プリンシパルである一般個別農業経営および農地委託者は、エージェントであるリーディング経営が担う事業運営に関して、各主体間の経済効率性のバランス化を基準として事業運営を評価する。

第三に、広義の地域農業ガバナンスにおいては、プリンシパルである地域住民（農家、土地持ち非農家、非農家）は、農業の外部性が地域社会の住環境等に与える影響への対処を対象として、同じくエージェントが担う事業運営を評価する。なお、この点で地域農業関係主体間に信頼関係を確立し、これを基礎として互恵関係を形成することが、地域農業経営に求められることになる。そのためには、公式的な場において事業に関する情報開示を行い、関係者間の情報の非対称性を是正し取引費用を低減することが重要となる。

第四に、以上のことは、農業ガバナンスの再編とは「個」対「個」を「地域農業関係主体組織（プリンシパル）」対「リーディング経営集団（エージェント）」という関係へ再編する側面を有することを意味する。

本章では、農地流動化が地域農業にもたらす負の側面に着目し、その是正策としての地域農業ガバナンスの再編に関する検討を行ってきた。今後、さらなる農地流動化の進展とともに地域農業に派生する種々の問題がより深刻化することは想像に難くない。したがって、その負の影響への対応を図ることは地域農業を維持する上で不可欠となる。地域農業ガバナンスの再編はそのための重要な取り組みであると同時に、地域農業経営を構成する両輪の一つとして効率的に実践されることが必要となる。

［付記］本章は、伊庭［２０１７］をもとに修正・加筆した論考である。

注

（１）「地域農業経営」の理解および概念化に関しては、武部他［２００７］における地域農業マネジメントに多くを依拠している。
（２）わが国の水田農業においては、生産基盤の所有構造、作業の特質、農業経営の内部構造に関係して個別経営の成長・発展と多様な個別経営が形成する地域農業の維持・振興とは相補的な関係にある。面としての地域農業は点としての個別農業経営の単なる集積ではなく、個別農業経営間の協力関係や役割分担によって、また、個別農業経営自体の性質や形態、地域が直面する社会・経済的条件の多様化・異質化により、両者間の相補関係は多種多様なものとなる。地域内の農業生産活動を長期的に維持するためには、内部および外部の環境変化に対して、両次元の相補関係を維持・強化し適応を図ることが不可欠である。

（3）農林水産省経営局『農業経営構造の変化』平成24年によると、平成22年の担い手の利用面積（所有、利用権、基幹3作業委託により経営する面積）は農地全体の49・1パーセント（２２６万ヘクタール）である。(http://www.maff.go.jp/j/keiei/keiei/pdf/201212_kouzou_henka.pdf　２０１７年1月13日確認)。

（4）農業者組織の機能低下に関しては、たとえば斉藤［２００５］を参照されたい。

（5）農業生産に伴って生じ、市場では取引されない様々な影響。

（6）個別経営体および組織経営体を含む。

（7）小田他［２０１３］では、経営環境が激化する中で、農村社会の安定を基礎として、その維持に貢献しつつ自己の成長発展を図るリーディング経営を農企業と概念化している。農企業概念に含まれる農業経営は幅広い。たとえば、家族農業経営や集落営農、さらには企業的な農業経営を行う経営体を意味する企業的農業経営等が、農企業としての機能を有するリーディング経営になりえる。

（8）地域農業経営が行う事業に対するガバナンスに関しては「公式ガバナンス」と「非公式ガバナンス」の両面からの接近が必要である。ただし、本章では「公式ガバナンス」に絞って検討することとし、「非公式ガバナンス」に関しては別稿を用意する。

（9）「二階建て組織」に関しては楠本［２０１０］を参照されたい。

（10）筆者が調査を行った地域では、農地所有者が畦草刈りを行うことを条件として、農地を借り受ける形態が普及していた。ただし、その作業に見合う労賃は農地所有者に支払われている。

（11）ただし、離農などの借り手の都合による貸借関係の解消はめずらしいことではない。

参考文献

[1] 伊庭治彦（2017）「地域農業ガバナンスの再編の論理――コーポレート・ガバナンス論を援用して」『生物資源経済研究』第22号、京都大学、1～12頁。
[2] 加護野忠男・砂川伸幸・吉村典久（2010）『コーポレート・ガバナンスの経営学――会社統治の新しいパラダイム』有斐閣。
[3] 菊澤研宗（2004）『比較コーポレート・ガバナンス論』有斐閣。
[4] 楠本雅弘（2010）『シリーズ 地域の再生7 進化する集落営農「新しい社会的協同経営体と農協の役割」』農山漁村文化協会。
[5] 小田滋晃・長命洋佑・川﨑訓昭・長谷祐（2013）「次世代を担う農企業戦略論の展望と課題」『生物資源経済研究』第18号、43～60頁。
[6] 斉藤由里子（2005）「集落組織の変容と改革方向――多様性と新たな課題」『農林金融』第58巻第12号。
[7] 高橋正郎（1973）『日本農業の組織論的研究――農業における「中間組織体」の形成と展開』東京大学出版会。
[8] 武部隆・高橋正郎（2007）『地域農業マネジメントの革新と戦略手法』農林統計協会。

第3章

先進的農業経営体と地域農業・社会
――新自由主義的ガバメンタリティとの関連

坂本清彦

1　新自由主義と先進的農業経営体の関係を探る意義

一般に経済活動としての農業生産は農村地域・社会の文脈で生起・成立し、農業経営行動が地域社会・経済に無視できない影響を与える［八木　2011］。とくに企業的・先進的農業経営体の出現とともに「「企業家的農家の展開」と「地域農業の維持存続」を両立させていく方策」の必要性が高まっていることも認識されて久しい［高橋　2001］。しかしながら「農業経営行動と農村地域社会の関連を主たる研究対象とした研究成果は多いとはいえない」［八木　2011：218頁］。

こうした問題認識をふまえて本章では、「農と食の社会学」［桝潟ら　2014など］に依拠し、「新自由主義」（ネオリベラリズム）というグローバルな社会潮流の中に農食セクターを位置づけ、先進的農業経営体と地域農業・社会の関係をどう捉えるべきか検討する。すなわち、世界的な政治経済潮流としての新自由主義の理念が、先進的農業経営体の経営展開と地域との関係性にどう反映するのかを探るための理論的枠組みを検討することが本章の課題である。

新自由主義は市場原理、貿易自由化、政府の役割縮小といった政策で知られる思想である。こうした政策が実践され始めた1970年代から1980年代以降影響力を増し、世界的スケールで農食セクターもその思想の影響を少なからず受けてきた。例えばオーストラリア（豪州）では、市場原理主義に拠る農政改革が1970年代以降採用され、農業生産や利潤拡大を目指し「効率化」の旗印のもと、政府による農業セクターへの財政的支持を大幅に削減した［Hogan and Lockie 2013］。そうした行財政改革の結果、農業者と彼らの所属する地域との間に緊張関係がもたらされた［Lockie 2000］。

豪州のような劇的な市場原理主義的アプローチをとらなかったとはいえ、日本の農政、農業、農村も新自由主義と無縁だったわけでない。農産物貿易自由化の深化、国の食糧管理への関与の低下、企業的マインドをもち市場競争に勝ち残る農業経営の出現が望まれてきたことなどを考えても、新自由主義的価値観は確実に浸透していると考えられる。それがゆえに「農と食の社会学」は、農業分野へのグローバル資本の展開、農業の近代化・産業化・工業化といった新自由主義的な流れへの「対抗的枠組み」を、まさにその射程に入れているわけである［桝潟ら　2014］。したがって、新自由主義に適応しているとも目される先進的農業経営体と、それらを取り巻く地域社会との関係を探ることは、「農と食の社会学」にとって意義深いことである。

2 新自由主義の歴史

新自由主義は市場原理、貿易自由化、政府の役割縮小などを主張するが、思想としてはそれにとどまらず、「自由」のあり方など広範囲の人間観までもその射程に入れている。歴史をたどると、新自由主義は18世紀末以降に発生し、国家政府の介入は最小限に抑制し市場での個人の活動の自由を最大限に発揮させるべきと考える古典的自由主義に起源をもつ。ここで古典的自由主義では、人間は元来自立・自律できる自由な存在で、その自由を阻害するのは国家という外的制約のみであり、したがって人間の自由を発揮させるためには国家の干渉を可能な限り抑制すべきと考えられていた。哲学者アイザイア・バーリン［1971］は、こうした外部からの干渉・介入を抑えることで確保される形式の自由を「消極的自由」と呼んだ。

ところが、19世紀末以降、古典的自由主義が想定した「人間は元来自立し、自由な存在である」という人間像が一転する。むしろ人間は弱く不完全な存在であるという人間観が浸透し［小野塚　2009］、さらに20世紀初頭になると、外部からの介入を通じて人間を自由に導く必要があるという考え方が台頭する。バーリン［1971］はこうした自由観を、「～からの自由」として定義できる「消極的自由」と対置して、「～への自由」と定義できる「積極的自由」と呼んだ。

こうした「弱く不完全な人間」観及び積極的自由観の台頭の結果、古典的自由主義に代わり、外部（国家政府）による介入を肯定するニューリベラリズム（New Liberalism）が自由主義の主流となった。外部介入を通じて「不完全な人間」を自由に導こうとするニューリベラリズムでは、教育や福祉を充実させることで人間の自由を発揮させる役割が国家に期待される。

積極的自由観と介入主義的性格を持った一連の自由主義思想は、本来あるべき自由主義への脅威、あるいは全体主義や共産主義への傾斜とみなされ、そうした論者の中から古典的自由主義への回帰を目指す動きがオーストリア、フランス、ドイツ、アメリカ合衆国（米国）などで生じた。現在我々が新自由主義として知る「ネオリベラリズム」という語が初めて使われた1925年当時、この「新しい」自由主義思想は市場競争と起業家精神を尊重する一方、社会主義の徹底的な拒否を教義としていた。こうした思想を持っていたフリードリヒ・ハイエクやミルトン・フリードマンらの経済学者・政治哲学者を中心に、1946年にスイスのモンペルラン（Mont Pèlerin）に集い立ち上げたモンペルラン・ソサイエティ（Mont Pèlerin Society：以下MPS）において、ネオリベラリズムを掲げて自由主義のあり方について繰り広げた議論が、新自由主義へと発展していく［Mirowski and Plehwe 2009］。

MPSは多数の思想家や実務者を集めて非公開で定期的な会合を続け、新自由主義の確立に向けて科学的かつ実践的な知識を生み出すべく議論を重ねた。しかしながら、多様な参加者の方向性の違いゆえか、系統立てられた単一の新自由主義の「教義」確立には至らなかった。それでもMPSの参加者が所属・関与するシンクタンクなどとネットワークを構成して、今日まで新自由主義の構築・拡大に中心的な役割を果たしてきた［Plehwe 2009］。

MPSにおける議論を中核とする新自由主義は、1970年代の南米チリのピノチェト政権、1980年代の英国のサッチャー政権や米国のレーガン政権が進めた政治経済運営として最初に具現化する。これらの改革は、国有企業の廃止、民営化や社会福祉政策の削減、金融規制緩和や貿易自由化など、経済基盤や国民生活に直接影響する政府機能の切り詰めや変革を伴ったもので、「ロールバック期」の新自由主義と呼ばれる［Larner

2000; Peck and Tickel 2002]。

これらに続く１９８０年代以降、ＭＰＳとつながりを持つ経済学者や実務者が世界銀行や国際通貨基金（ＩＭＦ）に籍を置き、対外債務に苦しむ発展途上国の財政立て直しに携わるなかで、新自由主義を世界的規模で拡大させていった。彼らは発展途上の重債務国に、融資と引き換えに、国家予算・機関の削減・縮小、特に社会福祉関係政策の大幅削減と、貿易や国際資本の流入規制緩和など国内市場の自由化を迫る「構造調整政策」を推進した。この結果、重債務国の財政状況は改善されたものの、それは社会経済的な弱者への支援の切り捨てや多国籍資本の支配拡大につながったとして、新自由主義に対する強い批判を招くこととなった。

このような１９８０年代以降の新自由主義の影響力拡大の背景として、ニューリベラリズム以来のケインズ的福祉国家運営の財政負担の限界という歴史的、構造的な要因があるのだが、その他にも新自由主義が時代や場所によって柔軟に変化する可塑性をもっていることを指摘できる。実際、１９９０年代以降ロールバック的改革の帰結が明らかになると、新自由主義はより複雑な介入様式を特徴とする「ロールアウト期」に遷移していく[Peck and Tickell 2002]。

１９９０年代中期以降のロールアウト段階においても、新自由主義は社会の諸局面で市場原理、自己責任や起業家精神を称揚する。ところが国の役割の縮減と規制緩和という単純なロールバック段階と対照的に、ロールアウト段階では国家介入の様式はより複雑である。国の直接的規制によるのではなく、市場競争に適合し主体自らが社会的逸脱を回避するよう、自己鍛錬や自己規律に導く教育制度や政策技法、たとえば主体自らによる監査、社会監視技術、自己責任での職業訓練などが普及する。また、これらの制度を実際に機能させ、また市場の失敗を補いあるいは覆い隠すため、民間セクター活用や、地域の再活性化のための社会関係資本（ソーシャル・キャピタル）の利用・強化、社会福祉サービス提供のため住民参加や市民・非政府・非営利団体との協働、起業家精神をもったソーシャルビジネスやコミュニティビジネスなど公的・民間セクターの協力も奨励される。さらに、権力行使の構造やその適用スケール（地理的範囲）も変化し、中央国家権力からの分権化、すなわち管理権限の中央政府から地方政府や地域レベルのNPO・NGOへの移譲が起きる。こうした流れの中で、規制緩和の進行と軌を一つにして、企業などが多様な「ステークホルダー」の意向を汲みつつ自らの振舞いを管理する「ガバナンス」の重要性が強調される。

3 新自由主義的ガバメンタリティ

こうしたロールアウト期の新自由主義を理解する上で、ミシェル・フーコーの論考に由来する「ガバメンタリティ」概念は、ユニークかつ説得力のある理論的枠組みを提供する［Foucault 2008; Gordon 1991; Barry *et al.* 1996; Burchell 1996; Guthman 2008; Dean 2010; Lockie and Higgins 2007］。フーコーは、ガバメント（Government）を「人の振る舞いを管理すること（Conduct of conduct）」と定義する。さらに、彼は、生体としての人間に関する科学的知識を動員してその行動を計算、予測し、個々の主体の振る舞いを合理的、効率的に一定の方向に導こうとする精神性、すなわち「ガバメンタリティ」が、近代以降に拡大してきたことを指摘していた［Gordon 1991; Dearn 2010］。

フーコーのガバメンタリティ論によれば、新自由主義は人間の自由を所与とせず、文明・文化によって創りだされた、いわば人工物と捉える。そこでは主体の自己規律化、自己実現への自助努力、自己責任、起業家的精神の涵養を通じて、経済のみならず社会のあらゆる局面に拡大される市場原理に適合した「自由な」個人を作り出すことが問題になる。そのため、主体自らが設定し運用する自己監査、行動規範、基準や認証制度といった多様で間接的な政策技法が一般化され、個々の主体が技術、知識、専門性、計算力を習得し、自己規律化を図るようになる。政府を頂点とするヒエラルキー的な組織や法令制度を通じた直接的管理ではなく、間接的に「空間を越えて作用する（Acting at a distance）」ネットワークを構築し、諸主体の振る舞いを導き管理を達成する。これは20世紀以降の「不完全な人間観」を反映しつつも、バーリン的な「積極的」介入による主体形成とも異なる。国家権力による直接的な介入ではなく、直接的介入とは感じられないような自己規律化により、社会全体に効率的に秩序をもたらそうとするものである。

新自由主義的ガバメンタリティの特徴は、技術・知識・情報、人・組織といった多様な要素の組み合わせを意味する「ハイブリッド複合（Hybrid Assemblage）」[Lockie and Higgins 2007］を構成し、諸主体の振る舞いを効率的に管理することにあると考えられる。さらに多様な政策的手法と合わせて、起業家精神、エンパワーメント、市民参加など、個々の主体の能力と自己責任においてリスクをとる姿を賞賛する言説が広まっていく［Dean 2010］。先述の政府権力の分権・民間組織への移譲、市民と公的セクターの協働も、自己規律化を促進することによって、一見逆説的だが「自由な主体の自らの管理」により効率的に社会全体に秩序をもたらす動きと解せられる。

近代初期には、個人の自由に対峙しその自由を束縛・管理する実質的に唯一の存在として中央国家権力が想定される。他方、新自由主義的ガバメンタリティの下では、政府は唯一の権力存在ではなく、国際機関、地方自治体、民間セクター・NPO・NGOなど多様な主体が個人に対峙し、その振る舞いの管理に関与する。しかし、政府はその役割を縮小するのではなく、起業家精神をもち市場競争を生き抜ける主体を育成するためのいわば「アーキテクチャー」の構築や、そうした価値観に適合した言説を流布させることで、主体の自己規律化を推進する役割を担うと考えられる。

もちろんこうした見方はマックス・ウェーバーの言う「理念型」的理解であり、文脈の異なる地域や国でどの程度当てはまるのかは今後の分析の課題である。そのような保留の上で、新自由主義と農業セクターとの関連、さらに先進的農業経営体と地域社会との関連について、文献や筆者の分析した事例を引きながら、以下で検討する。

4 新自由主義と農業農村セクター——先進的農業経営体の事例分析から

まず、新自由主義の多面性や矛盾性が、社会貢献を求められる農業経営体にジレンマをもたらすという豪州の事例である。豪州では政府が農業セクターに対する保護政策を大幅に縮減し、市場原理に適合した競争力のある農業経営体の育成を図る一方で、流域の環境保全のため直接的な規制と経営者が自主的に設定する基準など間接的な管理手法を組み合わせた「ハイブリッド複合」形式の地域農業環境保全プログラムが導入されている[Lockie 2000; Lockie and Higgins 2007]。プログラムに参加する農業経営体は、市場競争に生き残るための経済効率性や起業家精神と、個別経営体としての利害を抑えて地域社会に対するアカウンタビリティを確保するという、相異なる合理性基準に直面し、緊張やジレンマにおかれることが指摘されている。

次に、日本において新自由主義の下で進められた地方分権や民間活力活用等の行財政改革と、農村の主体の対応に関する事例である。２０００年代初期に、「官から民へ」等のキャッチワードを掲げて新自由主義的行財政改革を実施した小泉純一郎内閣は、中央政府が特定の行政目的を持って地方に支給する補助金を減らし、地方自治体の財政的自由度を増やす一方で、地方自治体の合併を推進した。市町村合併により市役所や役場の機能が統合されスリム化された結果、公的サービスが脆弱化した。それを補うために、集落内の清掃の環境整備や、外出が困難な高齢者に交通手段を提供するといった社会・福祉サービスの補完に乗り出す集落営農が現れた（[Iba and Sakamoto 2013; 伊庭・坂本　2004]。集落営農は地域農業の主要な担い手として、効率的経営を確立し起業家精神を発揮して市場競争を生き残ることが期待されるだけでなく、公的サービスの低下する中、地域社会維持への貢献も期待される。また、そうした取り組みを賞賛する言説が政府の資料を通じて流布されていく。日本における農業経営や農村の諸主体の活動の政治経済的背景としての新自由主義の作用が見出せるとともに、そうした主体の反応が、その意図には関わらず、新自由主義的価値観を実現し社会的に再生産させているとみることができるという例である。

(1) 先進的農業経営体の事例分析から

このような農業経営体と地域社会との関係にみられる新自由主義のいわば「影」は、日本において企業的な経営を展開し新自由主義的価値観を体現する先進的農業経営体と、その基盤としての地域社会との関係性の中にあまねく見られるものなのか？　紙幅が限られる本章では、この問いを具体的な事例分析を通じて検証することはできない。そこで分析に代えて、筆者が手がけた2つの先進的農業経営体と新自由主義及び地域社会との関係性に関する論証［坂本　2017］を踏まえ、上記の問いに接近する上で有効と考える2つの視角について論じてみたい。一点目は経営者マインドの涵養であり、二点目は地域の諸主体との関係性についてである。

(2) 視角①経営者マインドの涵養

先進的農業経営体の経営者が、市場競争や起業家精神といった新自由主義的な価値観に適合する「経営者マインド」を身につけてきたのか、そうだとすればそれはどのようになされたのか、ということである。右記のとおり、新自由主義的ガバメンタリティの下では、市場原理的価値観に適合した「経営者マインド」を称揚する言説が流布され、またそうしたマインドを涵養するための教育や訓練が一般化すると考えられる。先進的農業経営体の経営者は、どうこのような言説に反応し、どのような教育や訓練を経て、新自由主義的「経営者マインド」を習得するのかという点である。例えば、企業的農業経営のための教育を受けた経験や、経営者が目にする農業や農政に関する言説が、経営者のメンタリティとして内面化されて、現在の先進的農業経営に生かされたといった筋書きが考えられる。

この点に関し、筆者が調査した2つの先進的農業経営体(滋賀県彦根市の大規模土地利用型経営のFファームと高品質ミカンの栽培、加工等六次産業化を展開する和歌山県有田市のS果樹園)の経営者は、経営者マインドを習得するための教育や訓練を受けたことがなく、そもそも「経営者になる」という意識すら持っていなかったことを述べている。

例えば、Fファームの社長F氏は[1]、「社長」と呼ばれることの違和感が減ってきた最近になって、「その時その時を切り抜けてきたことが、振り返ればそれが経営じゃないかって言われると、そうなのかもしれない」と感じるようになった。日々の課題をこなす中で問題解決に知恵を絞ってきたことが、外から見れば「経営」と呼ばれるもので、そうした経験を経て「経営者になった」という。また、F氏自らの経営は、グローバル化の中での競争力ある農業の実現、近年盛んに叫ばれる「強い農業」作りといった農政の流れへの対応なのかとの問いに、Fファームの行ってきた様々な試みは、折々での会社としての生存のための対応であり、後付けで考えると国の政策に沿うものだったかもしれないが、それに乗ったわけではないという。

このように、Fファーム及びS果樹園の両先進的農業経営体の経営者は、必ずしも筆者が予期した新自由主義的ガバメンタリティを反映する形で、経営者マインドを涵養したと結論付けることはできなかった。とはいえ、なお、新自由主義的な価値観を教育・訓練を通じて外部から内面化したのではないにせよ、最近のインタビューの中でF氏は、従業員への教育について、新自由主義的ガバメンタリティの反映ともとれる次のような発言をしている。「農業は実力の世界です。会社に自分の長所をどうアピールし貢献していくか。仕事への前向きな取組姿勢や考え方、そのことが会社への貢献に繋がればしっかりと評価をしてあげる。それが給料につながるわけです。そしてそれを励みにさらに頑張る。そうしたよい循環になるように心がけています」。こうした考え方が、言説として農業経営者や農政関係者の中で一般化し流布していくことで、今後新自由主義的ガバメンタリティをより明確に体現する農業経営や経営者が現れることは予期できるだろう。

(3) 視角②先進的農業経営体と地域の諸主体との関係性

豪州の事例 [Lockie 2000; Lockie and Higgins 2007] と同様に、企業的経営展開の中で利潤追求から逃げられない先進的農業経営体は、経済効率性や起業家精神と、地域社会に対するアカウンタビリティという、相異なる合理性基準のジレンマに直面すると考えられる。また、伊庭・坂本の事例 [Iba and Sakamoto 2013; 伊庭・坂本 2004] のように、地域における行政サービスの低下などの中で、先進的農業経営体が民間セクターによる自助努力としての社会貢献などを求められる可能性もある。

これらの点に関し、まず筆者によるFファームとS果樹園の分析で、両経営において、地域農業への貢献は極めて重要な意味合いをもつことが明らかになっている。例えばFファームは、その経営理念に「地域農業の発展こそわが社の繁栄と心得」と、地域貢献を社としての存在と活動の根幹においている。S果樹園においても、経営理念の一項に「郷土和歌山に誇りを抱き、その豊かな未来のために、企業活動を通じて、積極的に貢献します」と、地元への貢献を明確に謳っている。

Fファームは、兼業化が進み担い手が不足する地域で、多くの水田を預かり、徹底的な管理によって地域社会の信頼を得、地域の農地、農業を守るという形で貢献している。S果樹園は、雇用や地域の生産者からの原料ミカン買入れ、地域の学童・生徒の職業体験受入れ、有田というミカン産地ブランドの維持・活性化活動など、様々な形で地域社会に貢献している。地元の関係者によれば、両経営体の経営者は農業者間の調整役も担う地域のリーダーとして一目おかれる存在である。

両先進的農業経営体の地域社会への貢献は、ジレンマや摩擦と無縁というわけではないが、新自由主義的ガバメンタリティの浸透により経済性追求と地域へのアカウンタビリティの両立が極めて困難な状況とは考えられない。Fファームは過去にトラクターから落ちた泥で農道が汚れたといった苦情を受けたり、S果樹園の前身の共選グループが独立する際の経緯が地元の一部に批判を招くといったことも経験している。とはいえ、両経営体は、こうした経験を経る中で地域社会の信頼を築き、その信頼がむしろ経営としての経済性、利潤確保の基礎となっている。つまり、地域から信頼される経営であるからこそ、農地や人など経営展開に不可欠な資源が集まり、先進的経営体としての展開・飛躍が可能となっているということである。

その一方、先進的農業経営体による社会的貢献の期待の上昇という点については、今後も注視していく必要があろう。例えば、有田市の2011年の長期総合計画の農業振興に関する記述に、「地域の活性化のため、農家と地域住民が一体となってミカン生産の環境づくりを行います。六次産業化などミカン産業も、今後企業、他産業の方々と連携をとって実施します」という記述がある。このように農業経営体や住民による地域活性化という新自由主義的価値観に共鳴する地域像が、S果樹園のような先進的農業経営体をモチーフに今後さらに広まる可能性が伺える。

5　新自由主義的価値観と地域社会との関係のゆくえ

本章では、近年の政治経済潮流に大きな影響を与えている新自由主義的ガバメンタリティを視角として、先進的農業経営体と地域社会との関係を分析するための枠組みについて議論した。新自由主義的ガバメンタリティは、19世紀以降の自由主義の長い歴史の中で形成されてきたもので、様々な地域の地域性や歴史背景に適合しながら変化しつつ浸透してきたといわれる。ゆえに、個人の自由、市場原理や企業家精神の称揚といった基本原理は維持しつつも、そうした原理を具現化する手法は、地域や歴史によって多様性を見せ、その効果も世界中で一様に現れるわけではない。

そうしたこともあり、本章で紹介した筆者による2つの先進的農業経営体及の分析では、経営者マインドの涵養過程や地域社会との関係性の中に、新自由主義ガバメンタリティの明確な「刻印」は見出せなかった。とはいえ、経営者の発言や農政関連の文書などの中に、多面的な新自由主義的ガバメンタリティが徐々に反映されていると目され、今後そのような言説が一般化していく可能性は否定できない。特に経済性や利潤追求を避けて通れない先進的農業経営体が、そうした価値観と相容れない可能性を有する地域社会とどう折り合いをつけていくのかは、見過ごすことのできないテーマであろう。

［付記］本章は、坂本（２０１７）「先進的農業経営体と地域農業・社会――新自由主義的ガバメンタリティを視点とした社会学的接近」（『農業経済研究』第89巻第2号、１０６～１１８頁）をもとに、加筆・修正したものである。

注

（1）２０１７（平成29）年4月に社長から引退し、息子に経営を移譲した。

参考文献

伊庭治彦・坂本清彦（２０１４）「地域農業組織による社会貢献型事業への取り組みの背景と今後の展望」谷口憲治（編著）『地域資源活用による農村振興――条件不利地域を中心に』農林統計出版、１６７～１８０頁。

小野塚知二（２０１４）『自由と公共性介入的自由主義――介入的自由主義とその思想的起点』日本経済評論社。

坂本清彦（２０１７）「先進的農業経営体と地域農業・社会――新自由主義的ガバメンタリティを視点とした社会学的接近」『農業経済研究』第89巻第2号。１０６～１１８頁。

高橋正郎（２００１）「第Ⅳ部　経営環境の変化と農業経営における企業者――農業経営写像の変遷と企業的農業経営者の出現」金澤夏樹（編集代表）・稲本志良・八木宏典（編集担当）『農業経営者の時代』、農林統計教会、２６０～２７９頁。

バーリン、I.（１９７１）『自由論』、みすず書房。

桝潟俊子・谷口吉光・立川雅司（編著）（２０１４）『食と農の社会学』、ミネルヴァ書房。

八木洋憲（２０１１）「農村地域・農村環境研究の評価と展望」日本農業経営学会（編）『農業経営研究の軌跡と展望』農林統計出版、２０９～２４２頁。

Barry, A., T. Osborne and N. Rose (eds.) (1996) *Foucault and Political Reason: Liberalism, Neo-liberalism and Rationalities of Government*, The University of Chicago Press.

Dean, M. (2010) *Governmentality: Power and Rule in Modern Society*, 2nd ed. Los Angles; London: Sage Publication.

Foucault, M. (2008) *Birth of Bio-politics: Lectures at the College de France* 1978–79, Palgrave Macmillan.

Gordon, C. (1991) Introduction, G. Burchell, C. Gordon and P. Miller (eds.) *The Foucault Effect: Studies in Governmentalty with Two Lectures by and an Interview with Michel Foucault*, University of Chicago Press, pp. 1–51.

Guthman, J. (2008) Neoliberalism and the Making of Food Politics in California, *Geoforum*, 39 (3), 1171–1183.

Hogan, A. and S. Lockie (2013) The Coupling of Rural Communities with Their Economic Base: Agriculture, Localism and the Discourse of Self-Sufficiency, *Policy Studies*, 34 (4), 441–454.

Iba, H and K. Sakamoto (2013) Beyond Farming: Cases of Revitalization of Rural Communities through Social Service Provision by Community Farming Enterprise, in S. Wolf and A. Bonanno (eds.) *The Neoliberal Regime in the Agri-Food Sector Crisis, Resilience and Restructuring*, Routledge/Earthscan, pp. 129–149.

Larner, W. (2000) Neo-Liberalism: Policy, Ideology, Governmentality, *Studies in Political Economy* 63, 5–25.

Lockie, S. (2000) Environmental Governance and Legitimation: State-community Interactions and Agricultural Land Degradation in Australia, *Capitalism, Nature, Socialism*, 11 (2), 41–58.

Lockie, S. and V. Higgins (2007) Roll-out Neoliberalism and Hybrid Practices of Regulation in Australian Agri-environmental Governance, *Journal of Rural Studies*, 23 (1), 1–11.

Mirowski, P. (2009) Postface: Defining Neoliberalism, Mirowski, P. and Plehwe, D., (eds.) *The Road from Mont Pèlerin: The Making of the Neoliberal Thought Collective*, Harvard University Press, pp. 417–455.

Mirowski, P. and D. Plehwe (eds.) (2009) *The Road from Mont Pèlerin: The Making of the Neoliberal Thought Collective*, Harvard University Press.

Peck, J. and Tickell, A. (2002) Neoliberalizing Space, *Antipode*, 34 (3), 380–404.

Plehwe, D. (2009) Intoduction, P. Mirowski and D. Plehwe., eds., *The Road from Mont Pèlerin: The Making of the Neoliberal Thought Collective*, Harvard University Press, 1–42.

補章 次世代型農業を拓く

――「農林中央金庫」次世代を担う農企業戦略論講座シンポジウム・パネルディスカッションより

坂本清彦
東　祐希
狗巻孝宏

1　本章の内容と構成

京都大学大学院農学研究科生物資源経済学専攻「寄附講座「農林中央金庫」次世代を担う農企業戦略論講座」（以下「農林中金寄附講座」）では、最先端の農業経営や地域との関わりをテーマに２０１２年から毎年２回春と秋に定期的に公開シンポジウムを開催している。２０１６年には、「次世代型農業を拓く」を年間テーマとして、6月4日（土）に第9回、12月3日（土）に第10回のシンポジウムをそれぞれ開催した。これまでのシンポジウムでは、研究者や農政関係者による基調講演に加えて、気鋭の農業経営者をお招きしてパネルディスカッションを企画し、農業経営の難しさや魅力を学生や一般市民に理解してもらうため、現場での経験や率直な意見をお聞きしてきた。

本章は、第9回、第10回のシンポジウムのパネルディスカッションにおいて、それぞれ「次世代型農業の目指す針路」、「討論？　闘論？　農協の役割」をテーマとした討論の内容を編集したものである。２０１６年度のシンポジウムでは、特に次世代型農業を切り拓き担っていくと目される農企業と、地域の関係諸機関、中でも農協の役割や関わりについて議論した。農協改革の必要性が盛んに議論される昨今、時宜に沿ったテーマとなったことから、登壇した農業経営者から農協に関するさまざまな意見や聴衆からの質問が出され、活発なディスカッションとなった。

第９回のシンポジウム・パネルディスカッションには、兵庫県神戸市の小池農園こめハウスの小池潤氏および滋賀県彦根市のフクハラファームの福原昭一氏の二人の農業経営者と、研究者として農林中金総合研究所の斉藤由理子氏をお招きし、さらにシンポジウムの基調講演者である全国農業協同組合中央会の比嘉政浩氏にも討論に参加をお願いした。第10回のパネルディスカッションには、和歌山県紀の川市の七色畑ファーム　河西伸哉氏および滋賀県彦根市のフクハラファームの経営を引き継いだ福原悠平氏の二人の農業経営者、和歌山県紀の川市の紀の里農業協同組合（ＪＡ紀の里）の大原稔氏、研究者・行政経験者（元農林水産事務次官）として農林中金総合研究所の皆川芳嗣氏をお招きした。各パネリストのプロフィールや経営の概要を各節に紹介したので、参照されたい。また、各回のパネルディスカッションの司会進行は、農林中金寄附講座の特定准教授　坂本清彦と特定助教　川﨑訓昭が務めた。

第９回シンポジウム「次世代型農業を拓く――攻めか？守りか？」概要

日　時：2016（平成28）年６月４日（土）13：30～17：00
●13：30　開会挨拶　●13：40　基調講演
基調講演１　京都大学大学院農学研究科 教授　小田滋晃
「先進経営体の発展・存立にかかる地域・外部条件」
基調講演２　全国農業協同組合中央会専務理事　比嘉政浩
「地域農業の発展におけるJAの役割」
●15：10～17：00　パネルディスカッション
「次世代型農業の目指す針路」
パネリスト（氏名50音順）
小池　潤（小池農園こめハウス代表取締役）
斉藤由理子（農林中金総合研究所常務取締役）
福原昭一（フクハラファーム代表取締役）
コーディネーター　京都大学大学院農学研究科　坂本清彦　川﨑訓昭

2　次世代型農業の目指す針路（第9回シンポジウムより）

農業者同士の連携について

進行　「次世代型農業を拓く――攻めか？守りか？」というテーマでシンポジウムを開催しています。そこで、先進的経営体の方に農業経営に関してこれまでの農業者同士の連携や農協との関わり合いについてお聞きしたいと思います。

小池　皆さんはじめまして。私は兵庫県の神戸市西区という都市近郊で、周りには園芸農業の認定農家が多いなか、お米を中心にした土地利用型農業で認定農家として農業をしている小池と申します。平成22年に神戸米という商標を取って、大消費地に近いところで伝統の農産物があることや、農家の存在意義を広く知ってもらいたいと農業をしています。

私自身が設立メンバーである兵庫大地の会は、5年前に法人化しました。それまでは任意の団体として、兵庫県下の水稲専門農家が集まって農業技術や稲の勉強や、資材の共同購入などをしていました。

TPPが話題に

写真1　第9回シンポジウムの様子

株式会社小池農園こめハウス
代表取締役

小池　潤（こいけ　じゅん）

株式会社小池農園こめハウス代表取締役。株式会社兵庫大地の会営業部取締役常務。兵庫県青年農業士会会長。
小池農園こめハウスの概要は、次の通り。
・栽培品目：水稲、小麦、大豆、蕎麦、野菜など
・耕作面積：40ヘクタール
・従業員：9名（社員7名、アルバイト2名）
米は「兵庫県認証食品」を取得した。平成22年、「神戸米」として商標登録、販売を開始。神戸米を使った日本酒、醤油、麸などの加工品も開発している。

なった時に私が会長で、農業の将来を考えるなかで、「なぜこういう組織が必要なのか」を議論しました。農協や農業生産法人など様々な形態の組織について勉強し、何でもできる株式会社がよいと結論づけて、株式会社兵庫大地の会と名付けました。兵庫大地の会は、地域で農業だけでやっていきたい方々に、出荷先や契約先を決めた上で生産してもらい、そうした生産者をまとめる地域の代表農家と連携して活動してきました。

福原　みなさまこんにちは。滋賀県の彦根市から参りました有限会社フクハラファームの福原と申します。お米を中心に180ヘクタール弱の経営を展開しております。彦根には2800ヘクタールほどの農地があって、その南部に優良な農地が2000ヘクタールぐらいあります。その一角に私が米を中心として経営を展開している場所がございます。

　農業者同士の連携が必要であることは認識していますし、そういうグループを作る話もありました。実はうちも含めて大規模に経営して、自分で有利に販売をしたいと考える生産者が近年増えています。やはり有利に販売をしていきたいと考えると、農協さんに流せばそれなりの手数料がとられ、自分の手取りが思ったほどにならないという状況です。それ

で、私が働きかけたわけではないのですが、十数名の生産者から特に加工用米を中心に仕入れて、私のところで販売しています。そこから一般の主食用米も販売してほしいという依頼を受けて、仕入れて販売をしている状況です。

　滋賀県には「三方良し」という近江商人気質があるのですが、そういう話が盛り上がって「組織をつくろうか」という話は何度もあるのですが、私の地域ではできていません。個人相対（あいたい）取引で、私が仕入れて販売している状況です。

斉藤　農林中金総合研究所の斉藤でございます。私どもは農林中央金庫の子会社であり、農林漁業の協同組合グループのシンクタンクとして調査研究をしております。

　まず先進的経営体の定義がなかなか難しいと思いますが、我々はこれまでに大規模な農業法人10ヶ所程度の調査を実施しました。福原さんのところにもお話を伺いに行って経営のお話もお聞きし、農協との関係についても伺いました。その調査のなかで、ＪＡの組合員でもなくて取引もされていないところは1経営体だけでした。あとの経営体はＪＡの正組合員さんでした。ＪＡは様々な事業を展開していますが、経営者の方はそのなかで利用したいものを利用されるということを含め、多様なＪＡの利用の仕方があると感じました。

　例えば、最も特徴的なのは販売で、大規模な農業法人の方たちは直接販売したいという思いが大変強く、ＪＡに販売するという考えは少ないと感じました。他方で生産資材については、他のメーカーと比べてここはＪＡの方がいいと利用されていますし、また資金の借入れはＪＡを利用する法人も多いようでした。

　ＪＡを全部利用しなくてはいけないわけではなく、先進的な農業経営体の方たちに必要なサービスを提供する、そのためにＪＡは努力をするというのが、あるべき姿ではないかと思います。農協にとっては、やはり農業者のため、地域の農業のために、

有限会社フクハラファーム
代表取締役
福原（ふくはら）　昭一（しょういち）

1955年生まれ。1994年、現在の有限会社フクハラファームを設立。代表取締役に就任。
　設立当初より、地域農業の発展こそが自社の発展に繋がると、地域との強調と共生を理念とし、地域の平坦な立地を生かし徹底した低コスト稲作にこだわりつつも、品質と多収に重点を置いたコメ作りを展開。他方で、減農薬にもこだわり、特に有機ＪＡＳ認証「アイガモ君が育てたおコメ」は直売の人気商品となっている。コメ以外にもキャベツを中心として野菜の生産も実施、ほぼ全ての農産物が契約栽培であり自社販売となっている。今後は、更なる農地の高度利用に努め大規模複合経営を実践しつつ、次代への美田の継承を目指す。

個々の農家、農業法人では足りない部分をサポートすることが一番の大事なことですので、農業構造の変化に対応して農協の事業のあり方を変えていくことが必要だと思います。

　今起きている一番大きな農業構造の変化は、高齢で小規模の農家がリタイアし、農家の数が減っていて耕作放棄地も増えていることです、新規就農者がなかなか増えない。一方で規模拡大を進めている経営体は増えています。地域の農業を守り、日本全体として必要な農産物を安定的に供給するためには、農業経営が安定し、安心して農業を行えるようにすることが大切だと思いますが、そこで先進的農業経営体の役割はとても大きいと思います。したがって、そうした先進的農業経営体にふさわしいサービスを農協が提供していくことが必要だと思います。

雇用や低コスト化に関する取り組み

進行　小池さん、福原さんのお二方とも従業員を雇用されています。社員の方々との意思疎通や、雇用やコストに伴うご苦労もあるかと思います。そうした課題に対してどのように取り組まれていますか？

小池　私が「神戸米」という商標をとって7、8年くらい経った頃から、やはり家族経営が良いのではないか、その家族経営の集合体である協同組合のような形が一番強いのではないか、と思うようになりました。

最初経営規模が10ヘクタールくらいまで自分一人でやっていましたが、そこから面積が拡大していくと一人では対応し難くなります。アルバイトを雇うと作業について毎年同じことを教えないといけないので、社員を雇いました。すると、雇った社員には休みをあげる必要もあり、忙しい農繁期で太陽が出ているときに仕事を終える必要があるので、朝早くから夜遅くまで働いてもらうことになるのですが、それだと長く働き続けてもらえない。米が不作であっても、サラリーマンとしての雇用でしたら約束した金額を必ず払わないといけない。それなのに雇った人が、「今日はしんどいから休みます」ということも起きる。人を雇うことについて、農業にはそういう難しさのある業種だと思ったのです。

これが家族だと、「みんなでがんばろう。家族でがんばろう」となる。そこで「神戸米」という商標と、神戸米を神戸の人に食べてもらうという意識をみんなで持ちながら、良いお米を作って量を集めて、そのなかで必要なら1人か2人雇って営業や納品に行く形がよいと思います。そして作業の分担も、春に頑張る人、秋に頑張る人という形で、若干のボーナスも支給して、集中してもらう。そのなかで、農家は管理局としての役割を持つと思います。水田に行って稲の生育の変化を見て感じることを反映させて単収を上げる。それも省力化やコスト低減に繋がっていきますし、量を取ることもコスト低減につながると思っています。そういったことを通じて消費者にアピールしていけると思っています。

福原　私たちはＩＣＴ（情報通信技術）を取り入れていますが、ＩＣＴが直接低コストに結びつくことは、ないかもしれないです。むしろ必要に迫られて外部雇用をしないと地域の農業を守れない状況に

株式会社農林中金総合研究所
常務取締役

斉藤　由理子（さいとう　ゆりこ）

株式会社農林中金総合研究所常務取締役。
東京生まれ、１９８２年農林中央金庫に入庫、調査部、大阪支店での勤務を経て、農林中金総合研究所で研究員として、農協と欧州の協同組合銀行を中心に調査業務に従事。２０１４年から常務取締役。
最近は、東日本大震災被災地における農業の復興、農協の准組合員制度、地域活性化におけるＪＡの役割の調査に取り組んでいる。

なってきているのが現実です。ですから雇用するのかという判断は、経営者それぞれが規模拡大しようとしているのか、その理念・目標によって分かれてくるのだろうと思います。

私は規模を大きくして、地域農業をなんとか守っていきたいという思いで法人化しました。そんな中で家族経営のように経営者とあるいは後継者、あるいは雇用しているスタッフとの間で、どう意思疎通を図るのかを考えたとき、データを蓄積していかないとうまく伝えていけないという状況が出てきました。例えば、去年は田植えの時間が何時間かかっているのか、一日に誰がどれだけの時間をかけて、どれだけの面積の作業をこなせたのか、そういったデータを取っていくことで、人が数字をもとに目標を立てて育っていってくれる、データをみればおおよそのことが分かるようにしたかったわけです。また、一年ずつしっかりとデータを取ることによって、作業のロスやミスが少なくなり、ひいては低コストにつながる。そういう意図で9年前に大手ＩＴベンダーさんと取り組みを始めたのです。

もっとも、低コストを目指す大規模経営のなかで、低コスト化の最たるものは面積を集積した上でさらに大区画化することです。これはできる地域とできない地域がありますが、私の地域はそれができる地域なので、どんどん進めています。低コストの第一歩はそれです。その中でさらにデータをしっかりと取って、さらに緻密な計画を立て、情報共有をしていくことが大切だと思っています。そのためのICT活用だと考えています。

地域との関係構築への取り組み

進行　お二人とも地域の農地を受託されて大きく経営されています。水路や農道の共同賦役などに関する地元の農業者と関係構築の中での難しさについて、お聞かせください。また、両者の関係を円滑にするためのJAの活動の例をご存知でしたら、お話しください。

福原　私の地域には33の集落があり、1500ヘクタールぐらいの水田があります。この地域に関して言えば、集落でそれぞれ排水路の掃除、それから農道の整備をされるところがまだ比較的多いです。それは我々としてもありがたい話です。私はその33集落のうち11集落にまたがって耕作をしておりますので、いろいろな集落との関わりは当然あります。しかし、いわゆる出入り耕作をしている我々に、農道や排水路の掃除や整備に出てこいと言われることは今のところありません。それぞれの集落で、責任を持って今はできています。

ただ、毎年見ていても出役しておられる集落のメンバーは減っているのではないかと感じています。最近は私の集落でも一気に農業者が減ってきましたので、業者に委託したり、私の会社が冬場に重機を持ち込んで排水路の整備や補修をしたりしています。それは今の国の政策の中で、集落に交付金が交付されているので、そういったものをうまく利用して整備をさせてもらっているという形です。このような交付金はありがたいと感じています。

そういったことにJAが何か絡んでいるかというと、私の地域ではそれは自治会組織で、自治会のいわゆる農事関係の改良組合、そういったものが中心

全国農業協同組合中央会
専務理事
比嘉（ひが）　政浩（まさひろ）

１９６１年、大阪府生まれ。比嘉は沖縄の姓。父親が沖縄県国頭郡東村出身。１９８３年３月京都大学農学部農林経済学科（農経）卒業、同年４月全国農業協同組合中央会入会。
当時、京都大学農経出身者で全中就職は多く、１９８２年、１９８３年、１９８４年、１９８６年と農経卒が全中に入会した。
ＪＡ経営関係の業務が長く、ＪＡ経営の立て直しなどに年間１８０日程度、ＪＡに出張していた年度もある。
中小企業診断士、税理士。

となって取り組んでいて、ＪＡが直接絡んでいることはありません。私の方ではそういった関連はなく、水路・農道の関係について私の地域では先に話したような管理をしております。

小池　私のところでは今、15集落にまたがって田んぼがあります。最初はうちだけの田んぼがあって、隣の田んぼの管理を引き受けて、今では一つの集落の中で7割くらいうちが管理する田んぼになっている地域もあります。今6軒の農家の方の農地を預かっていることになり、「お前のとこは6軒分やから、6人出せ」と出役を頼まれたりはします。

ただ、そうなると対応が難しいこともあります。私たちは、農地利用増進の制度に即して正式に契約していて、そこには田んぼの水張り面積を引き受けています。契約以外の、例えば用水のバルブについては、その土地の所有者のものですが、壊れた時は、「その工事は維持管理しているうちが持ちます」と言っています。今後は、契約している以外の畦とか水路に関しては、うちは管理対象外ですと言っていこうかと思っています。そこに対して反対されても、今話したように、うちは田んぼだけを預かってるのだ、と。

ただし、そこから先が簡単ではないところで、もちろん水を使わせていただきますし、草刈りもしないと土砂崩れといった問題も起こってきます。そういったことについては、今後は村からの作業受委託のような形で引き受けて、そのためにうちで必要な人夫の数といった実際にかかる費用を地域で負担していただく形態をとる必要があります。それについての対応としては、やはり農協さんなどの関係機関から取り組んでいってもらう必要があると思います。

うちのは中山間地域ですので、畦の草刈りとか維持管理に経費がかかります。全国的にはそういう経費が少ない地域もあると思います。そういった地域について、例えば「こういった地域は維持管理が費用が少ないからこれぐらい」とか、逆にちょっとお金がかかる地域はこれぐらいという田んぼの評価や判定をしてもらえるよう、僕らも言っていきたいと考えています。そういう評価の時に、その地域密着型のJAさんで仕事をしてもらえないかとも思っています。それをまた違う団体では、なかなか難しいのかな、と感じます。共同で何でもやるという時代から、農地の管理を事業としてみてもらうことも、そうした取り組みから始められるのではと思っています。

地域の人とは仲良くやっていかないといけないので、一概に「出役に行きません」とはいえないのですが、最近の地域では土日にそういう水利関係の作業があって、ほとんど作業が重なってしまうのです。来週どこかで水が必要だとなったら、あっちもこっちもどっちも、というように。僕が動く場合にはお金はかかりませんが、でも体は一つしかないので、スタッフを行かせると、会社がその費用を援助しないといけないとなります。そういう観点から今のお話をさせていただきました。

しかしもちろん地域がないと僕らも仕事できませんので、そういう事情について理解を得た上で、地域でどうしていくのか、次のステップに進むには、今申し上げたようなお話をする必要があるという状態です。

斉藤　地域の農業資源を全体として守っていくことが重要で、個々の経営ではできないことを誰がやるのかだと思いますが、その時にJAがルール作り、共同作業なのかもしれませんが、それに関わる必要があると思います。

比嘉　かつては農地の利用調整は、農地保有合理化事業という形でJAが前面に立って行っていた時期があります。出作・入作にならないように、一つの地区の担い手の農地はその地区にできるだけ集まるように、人間関係や親戚関係を考えて、農地が連担化するようにJAが調整していました。それが政策変更で農地中間管理機構がその役割を担うようになりました。その時に貸し借りの条件を決めるなかで、地代を決めなければいけないし、畦や水路の管理は農地の所有者がやることを条件にして地代の水準を決めるのが普通だったと思います。それが、徐々に農地の出し手の方も出役できないようになってきて、多面的機能支払交付金や中山間地域等直接支払などの政策の必要性が出てきたということですね。

今は、その次の段階になっていて、共同の出役ではやっていけないと割り切って、お金を払ってやってもらう仕組みにせざるを得ないところが増えている。JAの立場から言わせていただくと、農用地利用調整が農地中間管理機構に担われるようになって、農地の貸し借りそのものより周辺管理の調整などがJAに期待される難しい状況にあります。基本は、福原さんが言われたように、農地を出した側が畦や水路の管理をやるという地域はまだ多いと思います。

農と食と観光の事業への取り組み

進行　農と食と観光の関連事業に関して、先進的な農業経営者としてのご経験をお話しください。

小池　昨年からKobe Foo Styleという事業と、「たべるをはじめる」という食育に関する事業をおこなっています。食育には長いスパンで取り組んでいく必要があります。例えば米作り関連の食育に取り組む時に、1人2000～3000円、家族4人で1万2000円いただいて、農作業体験イベントを1回やっても、それだけでは何もできません。収穫まで10回程度の農作業体験イベントを企画して、全部に来てもらい12万円を払ってもらうことはとても難しいと思います。秋にお米の収穫の時に、例えばバーベキューをして、1人5000円、家族で2万円という企画は参加を募りやすいですが、それでは本来の食育が難しくなります。

私が今考えているのは、食育のインストラクター、ガイド役を育てることです。このゴールデンウィークに、「小池さん家に帰ってきた」という設定で4組の親子が農作業体験をしました。初日の午前にタマネギ収穫をして、みんなで昼ごはんを作って食べて、午後から農作業をして、夕方からバーベキューと、農作業をしながら役割分担して体験をしてもらいました。子どもにも手伝ってもらって全部自分たちで作って、日常の農家を知ってもらおうという狙いです。

こういう事業をおこなう上で、イベントを農家が一番忙しい農繁期に開催しなければならないし、参加者に強制的に朝早い時間や忙しいスケジュールに合わせてもらうことはできないので、インストラクターを育てようとしています。例えば、イベントを運営しながら「こういう時期、小池さんは忙しいぞ。でも一生懸命やっているでしょ」と言える人を育てるということです。

それには長い時間がかかると思っています。こういうことを理解するのは昔は当たり前だったのですが、今は休日の過ごし方が違い、慣習を知らない人が増えてきている。先ほどの農地の畦や水路の掃除も、一般の方がボランティアとして参加してもいいと思うのです。例えば、怪我やマムシも出るかもしれないと話し、傷害保険に入っていただいた上で参加してもらい、地域を守ろうと。

もう一つ「たべるをはじめる」は、同世代のお母さんたちにこの地域の農産物生産の情報を伝えようと、Facebookで取り組んでいます。1年目はそういった活動趣旨でやり始め、2年目には兵庫県の若手農家からなる青年農業士会と農業青年クラブ連絡協議会、ひょうごアグリプリンセスの会という女性の農家の団体、JAの青壮年部の4団体で、兵庫県で管理栄養士学科と心理学科に特化した甲子園大学に講師として行き、普段の農家について講義をしました。

管理栄養士を専攻しているある大学の学生さんは、ダイコンやニンジンにどんな栄養価があるか、食品の組み合わせなどは勉強しているのですが、実際にダイコンを育てるのを見たことがない人がほとんどでした。そういった方々に、農家と交流してもらうことで農家の現実を理解してもらい、10年、15年後に責任ある役職についた時に、勉強したことを覚えていて、地域の農産物を利用した献立を作ってもらえればという思いでやっています。

福原　私のところでは、低コスト化を目指しているという地域性や経営方針の違いがあって、観光はなかなか考えられないだろうと思います。周りにもそういうことはやっている例はありません。

もちろん食と農は大事にしていて、私のところでもイベントを年2回、春と秋に開いています。一般的によく行われているような、子どもを集めて田植えや稲刈りをやっています。それは田舎で育ってきたことが自分の背景にあって、小学校に行く道々にタンポポやレンゲソウがきれいに咲いていたというイメージが、今でも僕の地域の農業や、地域の美田を守っていきたいという思いの根底にあるわけです。小さな子どもに、そういう良いイメージを植え付けていくことが必要だと思います。

中山間地域で本当に地域をどう守っていくのか考える時、風景を観光資源として人を集めて地域を活性化させることはあろうかと思います。けれども私の地域は、むしろまだまだ低コスト化を進めて1キロ(グラム)あたり生産費100円という米作りを目指すのがうちの経営スタイルですから、観光には直接携わってはいません。ただ、食と農は重要な問題ですので、取り組みを毎年おこなっているという状況です。

「攻めの農業」に対する評価

進行　今日のシンポジウムのテーマ「攻めか？守りか？」にもあるように、「攻めの農業」という言葉をよく耳にします。この「攻めの農業」をどう評価されるか、ご意見を伺えればと思います。

小池　「攻める」くらいの感覚でちょうどいいと思っています。スタッフが増えると、売上げを上げなければならないので、「攻める」ためにお客さんから1年先の販売の予約をいただくことが必要です。そのために、消費者にも学んでもらって、私たちの神戸産農産物をメインに買ってもらえるようになれば最高です。それがその僕なりの攻めの農業です。

「守る」のほうは、地域や農地がないとできない面がありますが、しかし農地だけを守ってもできないことも考えながら、今のスタッフに教えていく必要があると思っています。私のところに今、スタッフが4名ほどいますが、みんな独立させようと考えています。14集落の近くだと競ってしまうので、ちょっと離れたところで一緒にやろうと思っています。誰があとを継いでもよいですが、その地域に一つの経営基盤をおいて、そこで農業の指導をして農業で食べていける人を育てたり、消費者もそこへ行くといろいろな話が聞けたり、体験ができるようにしたいと考えています。

僕が農業を始めた頃は、自分だけが儲かったらいいと考えていました。でも、父の代からのお客さんから、配達の時などに「小池さんのお米で育ったこの子が二十歳になった」、「小池さんのところがあったから、うちもお米に困らず食べてこられた」、「これから代替わりしても頑張ってね」といった話を聞いて、この3〜4年、農業や食を学ぶことの大切さを感じるようになりました。「作ったら売れる」のが僕らの親父世代の農業でしたが、僕らにバトンタッチされた時にはどうやって農業を次の時代に農業を遺すかが大切だと考えるようになりました。

福原　私は「攻めの農業」という言葉があまり好きではないのです。最近になってこの言葉がよく言われますが、その中身は何なのかというと、輸出や六次産業化、土地利用農業では農地の集積になると思っています。

農業とは本当に多様で、攻められるところと攻められないところがある。米作りの場合は、地域と本当に密接に結びついていて、経済性ばかりを追求できないところが大きいです。私のところでも、未整備な水田や小規模の農地でも、頼まれたら「そんなところは作りにくいから嫌です」と言えません。最近議論になっているロボット化などが進んでも、そんな農地に使えるのかと考えると、議論の方向が本当にそれで良いのかと疑問を持ちます。

私の経営方針は、輸出や六次産業化ではなくて、地域の農地を守っていきたいということです。ある意味で、低コスト化は「攻め」だと思われるかもしれませんが、私はそれを「攻め」だとは思わず、地域の農地を守るために、利益を出して次の世代につなげていく義務があるから、やっています。

私も来年リタイアする予定で、今まで作り上げてきた技術やノウハウをどう若い人に伝承するのか、ずっと頭を悩ませてきたなかでのICT化なのです。直接的な低コストのためのICTではなく、規模も大きくなってくると、「見える化」が若い人に伝承する上で重要だろうと思ってのことです。そういうことを「攻め」だと言われますが、僕の意識には全くそんなことはなく、経営として成り立っていくという意味で地域の農地を守っていかないと、次に繋がっていかないからです。

斉藤　次世代にどう農業をつなぎ、地域農業を続けていくかが、今まさに喫緊の課題だと思います。そのなかで、今回議論している先進的な農業経営体の経営者が、「攻めの農業を」追求しながら、次世代を作っていく「インキュベーター」の役割を果たしてもらえればと考えています。例えば福原さんや小池さんの経営をモデルにして、それを自分もやってみようと思う人が出てきたり、福原さんや小池さんのところで勤めていらっしゃる方が独立されたりということが増えていけばいいと思います。そういうことを通じて次世代の農業、強い農業が続いていき、地域農業が継続できるようにすることが喫緊の課題ですので、ＪＡも総力を挙げてそれを支援していくことが重要だと考えています。

比嘉　福原さんのお話、まことにその通りだと思いながら伺っておりました。「攻めの農業」という言葉を農協としてあえて考えれば、需要を創造することかと思います。その意味では、ＪＡグループとしては地理的表示や輸出といったところに活路を見出すことと、そのために特に人材育成に尽きると思います。

進行　今回シンポジウムでは「次世代型農業を拓く——攻めか守りか」というテーマを設定して、皆さんのご意見をお聞きしました。次世代型農業というと、先端的技術導入が思いうかびます。そうした農業も大事ですが、「次世代に何をつなぐのか」の議論も必要ではないかという問題提起をもって、本日のシンポジウムを終了いたします。ありがとうございました。

3 討論？ 闘論？ 農協の役割（第10回シンポジウムより）

地域農業と担い手

進行 本日のパネルディスカッションでは、シンポジウムのテーマ「次世代型農業を拓く」における「農協の役割」について議論します。最近の農協に対するメディアにおける扱いは様々ですが、今日は農業経営者にお話を聞いて、地に足をつけた議論をしたいと考えています。まず、本日お越しの農業経営者の方に、目指す経営について、そのなかでの地域との結びつきについてお話を伺います。

福原 滋賀県彦根市から参りました有限会社フクハラファームの常務[1]の福原悠平です。米、麦、大豆の土地利用型作物と果樹を作っています。経営面

第10回シンポジウム「次世代型農業を拓く」

日時：2016（平成28）年12月3日（土）13：30〜17：00

●13：30　開会挨拶
●13：40　基調講演
基調講演1　京都大学大学院農学研究科教授　小田滋晃
「先進的農業経営体からみたわが国農協の姿と課題」
基調講演2　農林中金総合研究所理事長（元農林水産事務次官）皆川芳嗣
「地域農業の発展における農協の役割」
15：10〜17：00　パネルディスカッション
「討論？闘論？農協の役割」
パネリスト（氏名50音順）
大原　稔（紀の里農業協同組合常務理事）
河西伸哉（七色畑ファーム代表取締役）
福原悠平（フクハラファーム常務取締役）
皆川芳嗣（農林中金総合研究所理事長）
コーディネーター　京都大学大学院農学研究科　坂本清彦　川﨑訓昭

写真２　第10回シンポジウムの様子

積は175㌶です。父である社長から経営を引き継ぎ、栽培技術や経営技術の継承、ＩＣＴの活用に注力しています。また、環境保全型の農業を積極的に取り入れて、消費者と直接結びつくための直接販売も長らく行っています。

攻めの農業だと世間でよく言われていますが、私としては守る農業、守るべきものがたくさんあると思います。地域農業という点では、私どもが農業をしている彦根市には2000㌶くらいの農地があり、その約半分の1400㌶がフクハラファームのある稲枝地区にあります。そこには担い手と呼ばれる農業者が50～60人程度おり、1400㌶の農地の維持管理について周りの生産者とビジョンを共有しながら行っています。自分の生まれた町の、自分を育ててくれた水田のある風景を守ることは、子どものころの記憶を紐解いたときに大事だと思います。

また、20年前に父が専業農家としてスタートした当初は自らの生活を守るだけでよかったのが、現在は従業員13名を外部雇用しており、彼らや彼らの家族の生活もフクハラファームとして守る責任があります。くわえて、フクハラファームそのものともいえる稲作の生産技術を先代から引き継ぎ、さらに次の世代に引き継いでいけるようにすることが、今後の経営にとって必要だと思います。

河西　和歌山県紀の川市から参りました、株式会

株式会社七色畑ファーム
代表取締役

河西（かわにし）　伸哉（しんや）

2005年に大学卒業後、インターネット関連企業に就職。2009年に実家のある和歌山県紀の川市で、「農業経験なし、農地なし、農業機械なし」で農業ベンチャーとして創業。3年後には直売所販売を中心に1000万を売上げ、その後、地元の農協を巧みに利用しながら加工・業務用野菜生産に乗り出す。2014年に法人化を果たし、2016年には販売額5000万円を達成した。

社七色畑ファーム代表取締役の河西伸哉です。2009年にITベンチャー企業を脱サラして地元の和歌山で新規就農しました。キャベツ、白菜などの加工・業務用野菜を作っています。経営面積は15ヘクタールです。地域農業や社会に貢献するという意識から、2016年からはJICA（国際協力機構）の協力準備調査（BOPビジネス連携促進）としてベトナムでレンコンづくりもはじめています。

30～40代の若い野菜農家の中で大きな流れとして、特定品目をある生産者が複数の産地で生産をして時期をずらして納品する、「産地リレー」への取り組みがあります。これはバリューチェーンから求められているものでもあり、七色畑ファームのある紀の川市でも、例えばキャベツを紀の川市では生産できない時期に生産するために、他の地域で農地を借りて経営する農家も多くあります。しかし、地域社会、地域コミュニティへの思いから、現在僕のところは紀の川市でしっかりと農業を深掘りしていこうと思っています。

その一方で、加工・業務用野菜を作っていると、日本の農業の将来を考えたときに、食糧危機のおそれがあると感じるようになりました。自分では日本で農業は紀の川市だけでやるという思いはありますが、大きな視点で見たときに海外で日本の農産物を作ることにチャレンジしたいと思いました。ベトナムでのレンコンづくりもそうですが、希少性の高い日本の伝統野菜に着目して、日本の技術を使って海外で生産しはじめています。まだスタートしたばかりですが、当面の目標として経営の柱の一つに、ゆくゆくは大きな柱にしたいと思っています。

大原　和歌山県紀の川市から参りました紀の里農業協同組合（JA紀の里）の常務理事の大原稔です。JA紀の里は和歌山県北部の紀の川市と岩出市にあった6つのJAが合併してできました。めっけもん広場という農産物直売所を中心に複数の直売所、流通センター、選果場を持っています。直売所や選果場の効率化には新しいものを積極的に取り入れています。

JA紀の里では、「元気な農業・元気な地域・元気なJA」を経営方針として掲げています。そのためにも職員には、地域農業の支援を、資源を見直して新しい方法を展開できるような考え方を持つように言っています。若い職員でプロジェクトチームを組んで、10年後を見据えた地域農業の新しい展開を目指しています。

農企業としての雇用や地域との信頼関係

進行　農業経営体として従業員の雇用について課題などがあればお話しください。

福原　通年雇用ということで、かつて米価が今よりも高かったころ、冬場は農業土木や農機のメンテナンス、ビニールハウスの補修といった間接的な労働に時間を割いていました。しかし、だんだん米価が下がってきたときに、経営として冬場でも農産物を作って売り上げを上げる必要があると考え、5年前から露地野菜と育苗ハウスでの野菜の生産に取り組み始めました。最初は露地野菜も収量が思うように上がらなかったのですが、今は水稲後の野菜、麦後の野菜と、輪作パターンの中で重要なウェイトを

JA紀の里
常務理事
大原（おおはら）　稔（みのる）

和歌山県紀の川市生まれ。1979年に入組、2011年に退職し、現職就任。
高齢化や担い手、耕作放棄地等問題は山積しているが、JA紀の里管内の農業、自然、人、モノのすべてが大切な資源であり、まだまだ力が発揮できるという考えのもと、地域経済に貢献する地域密着型のJA活動と5年ごとの地域農業振興計画の実践を信条としている。
2001年に販売部長に着任後、地域農家のよりどころである選果場の再編整備、ネット販売・加工・直接販売等を行う特販部門の立ち上げ・大型ファーマーズマーケットめっけもん広場の拡張、体験農業部会、女性組織の活動強化、農地集積円滑化団体、農業塾等の立ち上げ等を行ってきた。

福原　先代の築いてきた経営を着実に成長させていきたいと考えています。フクハラファームの会社の土台は生産技術であり、それをいかに継承していくのかだと思います。農地に関して、現在は相当な面的集積をはかれるようになってきましたが、20年前にスタートした当初は条件の悪いところばかりを引き受けていて、周囲との関係の調整を先代たちが率先してやってきたおかげで現在のフクハラファームがあり、僕の生活があると思っていますので、それは絶対に変えてはいけないし守り続けたいと思います。

占めるまでになっています。

それから雇用の継続性という意味では、組織の一員として農業生産に取り組むことが合わず、辞めてしまった人もいたのですが、今は意識を持って働いてくれています。経営という点では、先代たちが培ってきた経験や知識を従業員みんなで受け継いで分担して経営していく必要があると思います。経営者として、スムーズな技術の継承や経営の継承が大きな課題ですし、現在取り組んでいる部分です。

進行　その経営継承と、地域との関係について今後の考えをお話しください。

進行　河西さんからも雇用についての考え方をお願いします。

河西　七色畑ファームとしても雇用は大きな課題です。中小・零細企業ですし、そのなかで農業という分野になると、なかなか優秀な人材に出会うことが難しいです。そこで現状としては女性の力の活用に注目しています。昔は集落みんなで子育てをするというのがあったように、僕の会社では従業員みんなで子育てをしようとアプローチしています。しかし、女性の力にも限りがあって、地域農業を守るためには外国人労働者に頼らざるを得ない時期が来ると思っています。そういう意味で、海外の労働者に日本式の農業を知ってもらい、しかるべき時期に日本で働いてもらうというアプローチにもチャレンジしています。

進行　河西さんが農業を選択した理由と、農業外から参入した経営者として地域との信頼関係についてお聞かせ願えますか。

河西　ITベンチャーで会社員をしていたときに、「誰もやらないことを早く考えて、早く失敗して、成功をつかめ」とよく言われました。地元の和歌山に帰って事業をしようと思ったときに、農業は地の利に恵まれているし、ビッグビジネスにはならなくてもビジネスチャンスがあると思いました。周りの農業者を見渡すと平均年齢70歳の産業であって、そのなかで七色畑ファームの平均年齢は35歳であることは、大きな価値があると思います。

信頼という意味では、よそからやってきた新規就農者には大きな信用はありません。そのなかでJAや周囲の農家から農地を紹介してもらうわけですが、ポイントは絶対に断らないことです。現在は生産性、効率性のいい農地を借りに行っていますが、最初はそんな条件の良いところを貸してもらえなくても、断らずに着実に実績を積み重ねていくことが

有限会社フクハラファーム
常務取締役
福原（ふくはら）　悠平（ゆうへい）

1984年生まれ。2011年に入社。2015年より現職。
主に生産業務及び研究業務を担当。2016年6月農匠ナビ株式会社（代表：佛田利弘）設立により研究員として参画。フクハラファームは水稲155ヘクタールをメインに、露地野菜（加工用キャベツ、ブロッコリー）、麦、大豆、果樹（梨60アール等）合わせておよそ180ヘクタール弱の作付を行う。「地域農業の発展こそ自社の発展」をモットーに、地の利を生かした低コスト・多収・高品質での米作りを目指す。

重要です。農業は人と人とのつながりで成り立っている部分がありますから、笑顔だとか大きな声であいさつをするだとか若い力を出すことで、会話が生まれ、信頼につながっていくと思っています。

挑戦する力と自分を売り込む力

進行　新規就農して農業で生計を立てていけると思ったきっかけと、加工・業務用野菜に注目された経緯についてお話しください。

河西　専業農家では、家族4人に対し売上げ1000万円が、生計を立てていく上での目安だと思います。ITベンチャーでの経験から、新規就農では営業がないと事業は成り立たないと思いました。最初は上手に農産物を作れないので、自分の作ったものをいかに売り込むかが大事です。マーケティングスキルや情報発信能力を、若い世代の人に発揮してもらいたいです。売上げ1000万円までくれば農業経営としてステージが一つ上がり、事業拡大か、持続可能な家族経営かという選択肢が出てくると思います。

加工・業務用野菜を始めたのは新規就農3年目くらいです。直売所に出荷するだけで売上げ1000

万円をあげるには、単純に1袋100円だと1日あたり300～350袋も売る必要があり、これは将来続けられないと思いました。新聞で加工・業務用野菜のことを知り、バリューチェーンとつながることで、単価を決められて経営を安定させるメリットがあるとわかりました。

ただ、今後はこれだけでは続かないので、和歌山という小産地ながら大消費地に近いというメリットを生かし、もっとお客様とつながり、理念や情報を共有することが今後の方向性かと思います。

農協と先進的な農業経営体との関係

進行 農協の立場から、急成長されている先進的な農業経営体をどのようにご覧になっているのかお話しください。

大原 河西さんは、JA紀の里の組合員です。就農当初ファーマーズマーケットで農産物を販売されていて、JA紀の里とつながりを深めています。僕は直接河西さんとつながりをもったのは後のことで、現在進められているイチゴ栽培の業務提携の頃からです。この話は後ほどしていただければと思います。

地域を大事にして、地域農業を守りながら農業を進めていくという思いは河西さんと私たちとで完全に一致していますので、同じような目標、目的をもって援助していきたいとずっと思っています。これからもずっと、新しいことに挑戦していくんだろうなと思います。

JA紀の里では今年から中期3か年計画がはじまりましたが、地域農業の振興、地域社会の活性化、JAの経営を安定化させようという3つの大きな柱があります。そのなかでも特に、地域の支援をもう一度きちんと見直して新しい農業を展開できるような考え方を持つようにと職員に指導しています。今は若い職員でプロジェクトチームを組んで地域の資源をもう一度見直して、今は取扱高が130億円ですが10年後には150億円を目指そうと、新しい農業の展開をしようとしています。

進行　農業経営者から見て、農協との関係や農協の強みというのはどのように考えておられるのかお話しください。

福原　弊社とJAは長らくお付き合いがまったくありませんでした。弊社が法人化したときに食糧管理法がなくなり、コメ農家が自由にコメを売れるようになりましたが、農協からすれば「なんで農協にコメを出荷しないのか」と、当時は険悪な関係だったと先代から聞いています。それがここ2、3年は九州大学や他の農業者、民間企業と全農が一緒になって、ICTを用いた農業技術の研究、普及に取り組み始めています。

そういう流れの中で、現在、地元のJAは資材購入先という認識です。資材の3～4割は地元のJAから購入していますが、農産物の出荷はほぼないですし、今後もないと思います。JAの強みは組織としてのスケールメリットだと思います。地域農業を考えたとき、行政や団体ではうまくまとめていけない部分に介入できるのはJAしかなく、日本全国の横のつながりを持っているところもJAという組織としての強みだと思います。

河西　これまで農地100㌶に対し農家100人だったのが、これからは農地100㌶を農家3人くらいで維持していくことになると思っています。地域の農家100人が農家3人になったときに、そのなかで七色畑ファームは「地域農業の農家3人のトップをめざす」ということを目標に掲げています。そうなったときにJAとはうまくおつきあいをしたほうがいいというのが僕の理論です。たくさんの農家のうち数人がJAを批判しても大きなことにはなりませんが、3人のうち1人が批判すると蚊帳の外になり地域農業の安定性が損なわれると思います。

5年前に系統出荷をしてからおつきあいが始まり

ましたが、新規就農者であり農家としての信用の低い僕に、加工・業務用野菜の販売先を紹介してくれているのはほとんどがＪＡです。現状は売り上げのほとんどがＪＡを通じた出荷です。ＪＡの強みという点では、良くも悪くも遊休資産をいっぱい持っているという点だと思います。それを地域の農家がいかに上手く利用するかというのがポイントだと思います。僕はこれを「つまみ食い」だと表現していますが、紀の川市の農業を維持していくために、同じ目標を持ってうまくつきあっていくというのが大事だと思います。

「つまみ食い」とは、新規就農でまだあまり体力のない七色畑ファームが成長するために、ＪＡの組合員が利用できる共有資産で、活用できるものはないかと考えることです。たとえば出荷の際に必要なフォークリフトに投資するのは難しいと思っていたときに、ＪＡの選果場に使われていないフォークリフトがありました。それを使うために、ＪＡに販売委託で出荷すれば、扱ってもらえると考えたわけです。このように、自らの経営のステージにあわせてＪＡで使えるものはないかと考えています。

進行　農協のリーダーとして、農協の強みをどのように考えておられるのかお話しください。

大原　ＪＡの組織形態によって違うと思います。ＪＡ紀の里ではいろいろな果物や野菜、花を作っていて、特段ブランド品になるものはありませんが、その分たくさん共同利用施設があります。それぞれの組合員さんが多大な投資をして出荷施設を持たなくていいように共同化しています。その施設を地域の農業者に利用してもらって、出荷の手助けをして、所得の安定に寄与するというのがＪＡの役割だと思います。また、いろいろな農産物がある分、いろいろな取引先、販路を持っています。河西さんのところも系統出荷ですが、市場流通はほとんどなく市場外流通、契約栽培といった農家所得につながる方法で販売しています。時代の変化に応じて販路の確保

株式会社農林中金総合研究所
理事長
皆川（みながわ）　芳嗣（よしつぐ）

福島県いわき市出身。東京大学を卒業後、１９７８年に旧農林省入省。兵庫県農林水産部振興室長に出向、農産園芸局企画課長、総合食料局食糧部長、林野庁長官などを経て、２０１２年に農林水産事務次官に就任。２０１５年８月に農林水産省を退官。２０１６年６月より現職。

というのは当然必要ですし、それがＪＡの強みだと思っています。

変わりゆく農協、変わりゆく農協との関係性

進行　農業者への支援という意味では行政の役割もありますが、農協でしかできない強みというのはどのように考えておられるのかお話ください。

皆川　株式会社農林中金総合研究所の理事長の皆川芳嗣です。ＪＡはいろいろな意味で社会から注目されていますし、地域農業を考えるときにＪＡが今後どのようになってゆくのか、どのように活躍するのかは関心の高いテーマだと思います。

　例を挙げるとＪＡたじまのカントリーエレベータがあります。カントリーエレベータといえば大きな貯留ビンがあって、そこに地域のコメが混ざって入り、何トン入れたかはわかるが、どの生産者のコメがどれだけ入っているのかわからなくなってしまう施設だったのです。それがＪＡたじまでは小口のビンが数多くわかれていて、品種や銘柄、品質で19くらいにわかれていて、さらに生産者ごとにわかれて個別管理されています。かつては農協の全量委託販売を前提においた施設でしたが、個々の農家に対応

できるような施設にかかわっています。自分たちの農産物をどう売るかという権利は個々の農家にあり、それに対して農協がどういった支援を考えるのかという時代になったと感じました。これからの農協は新しい施策を打って地域の核となる農業経営体としっかりつきあいをする必要があるし、そういったことができない農協は、農業経営体から選ばれなくなってしまうのではないかと思います。

進行　河西さんが農協と連携して進められている事業についてお話しください。

河西　1年前からJAと業務提携をしてイチゴの栽培をしています。新規就農して露地野菜を作っていたのですが、露地野菜は経営リスクが大きいと感じ、ベンチャーとしての提案力を生かしJAに業務提携を提案しました。JAに利用されていない農地とそこに花の育苗ハウスが眠っていて、それをリニューアルして環境制御型イチゴ栽培システムを導入し、七色畑ファームに貸してもらうというものです。七色畑ファームには資本がないですから、JAの資本でハード面を整備してもらい、栽培や観光農園としての運営は私のところでやります。こういうモデルは農業の世界ではあまりありませんが、地域の中で共存していくために、JAと農業経営体が一緒にやっていくビジネスモデルとして、お互いの強みを生かして地域に貢献できるモデルになればいいなと思っています。

進行　フクハラファームさんでは、農協との関係というのはどのように考えておられていますか。

福原　JA紀の里と河西さんの話を聞いて素直にうらやましいなと思いました。JAといっても単位農協ごとに全然性質が違うんだと思います。私どもの地元農協で扱っている農作物の9割が米麦だと思います。JA紀の里さんは、ほとんど園芸で早くから自由競争にさらされていましたので、それに対するJAの意識や地域農業を盛り上げていく意識が強いんだと思います。しかし、地元の農業者と話をしても農協の話は出てこないし、稲枝地区のカントリーエレベータの稼働率も40%を切っていて、農協に出荷せず販売しているのがほとんどですので、今、農協の存在感というのは薄いと思います。

広がる産地リレー

進行　地域や作目、規模によって多様なJAがありますが、JA間連携というところで何かヒントになるようなことがあればお話しください。

皆川　類似の品種で栽培管理も標準化して、季節を少しずつずらして出荷していく「産地リレー出荷」では、JA間連携の力が端的に発揮されると思います。最近注目されている輸出で、○○県産のイチゴといったように県産ブランドにこだわりすぎ、海外のマーケットの棚の奪い合いがおきています。それを「九州産」というような大きな単位にして、お互い協力して輸出先のマーケットを長く占有することが必要だと思います。JAの原点は、小規模の農家が一人ではできないことを協同の力で乗り越えていくことなので、単一のJAの地域だけでなく、それを超えた協同の力を発揮するという形でのJA間連携には大きな可能性があると思います。

統合が進む農協

進行　農協の規模や合併についてどのように考えておられるのかお話ください。

大原　JA紀の里は6つのJAが合併しましたが、今の時代で比較するとそこまで大規模ではありません。ただ、経済事業がしっかりしているので、管内の農業産出額190億円のうち130億円を扱っており、そのうち90億円が市場流通で40億円が市場外流通です。合併当初は選果場が11か所

写真３　第10回シンポジウム登壇者とともに

ありそれぞれがばらばらに売っていて力が分散していましたが、平成17年に1か所に統合し一元販売になったことでボリュームメリットは発揮できたと思います。また、大きいから小回りが利かないという意見もありますが、それは違うと思います。品目もたくさんありますし、職員それぞれがバイヤーやマーチャンダイザーになれば、大きいから動きが悪いことにはならないと思います。直売所の品目も増え、資金が集まれば新しい直売所を作るなり新たな戦略が取れるようになりますので、ちょうどいいくらいの規模だと思っています。

皆川　現在、総合農協の数は統合が進んで700程度です。市町村の数が1700程度ですから、2・5市町村に1農協ある計算になります。さらに1県1JAまで統合が進んだところもあります。これまで何度か農協合併促進法を時限的に立てて農協合併を推進してきましたが、今は政策として強力に促進するという状況ではありません。農協の規模はアプリオリに決められるものではなく、組織としての一体性を保つことができるかどうか、各JAが判断されて今の規模に落ち着いているということだと思います。ただし、経営面から、5か年の計画ベース等でみて経営収支を保つのが難しいのであれば、合併や事業の共同化といった措置が必要だと思います。

農協の進むべき道は

進行　今後の農協の役割や展開についてどのように考えておられるのかお話しください。

大原　ＪＡについての批評はいろいろありますが、単位農協の使命は農家組合員の所得の増大に寄与して地域の農業を守ることです。その使命をしっかり果たそうと職員を指導しています。そのために、中期計画や長期ビジョンの中に農業振興計画や、地域の活性化、ＪＡの経営の安定化という大きな目標を定め、それを目指して単年度の目標をクリアしていこうとしています。会計の問題や独占禁止法の問題といった、これまでルーズだったところはきっちり対応していかないといけないですし、情報公開も大事だと思います。とにかく、組合員に選ばれるＪＡであり続けるために、スピード感をもって新しいことに挑戦し続けることが重要だと思っています。

皆川　やはり、農家組合員の経営がよくなり、地域の農業がよくなって発展することがＪＡの目的ですから、そのために様々なことにスピード感を持って取り組むことにつきると思います。今日お見えになったお二方の農業者も、いろいろな経緯があってＪＡとのつきあいは比較的薄かったり、濃密な関係を築かれていたりします。そうした多様な農家組合員に対して、ＪＡが密接な対話を通じて、お互いの役割分担や提供できるサービスを主体的に考えていく必要があると思います。

◆注

（1）シンポジウム開催当時。2017年4月より同社代表取締役に就任。

第Ⅱ部〈実証編〉

リーダーシップで農業を変える

――事例にみる先進的農業経営体と地域の重層的な関係

第4章 農業法人における経営戦略と地域での取り組み
——先進的稲作法人を事例として

長命洋佑
南石晃明

1 農業法人をめぐる動き

近年、農業経営を取り巻く環境は大きく変化している。顕在化している問題としては、農業従事者の高齢化担い手の不足、経済および食のグローバル化の進展、耕作放棄地や遊休農地の増大、またそれに伴う鳥獣害被害の拡大などがある。なかでもわが国の稲作経営を取り巻く環境は、米の生産者価格の長期的な下落や米消費量の減少に加え、国際競争力の強化が求められるなど、大きな転換期を迎えている。

そのような状況のなか、近年では農業法人数が増加し、政策的にも注目が集まっている。例えば、「日本再興戦略」（平成25年6月14日閣議決定、平成26年6月24日改訂）では、2023年までの10年間で担い手の米の生産コストを2011年全国平均（60キロあたり1万6千円）から4割削減することや、法人経営体数を2010年比4倍の5万法人とすることが目標として掲げられている。農業法人には、先進的・先駆的農業を担うリーディングファームとしての役割に留まらず、次世代のわが国の農業を担う人材育成が期待されており、様々な社内人材育成の取り組みが行われている［南石ら　２０１４、２０１５］。さらには、農業生産者の著しい高齢化が深刻化しつつあるなか、農業法人には、地域農業への先進的技術の普及や社会的貢献活動、農地を含む地域農業資源の維持・保全などが期待されている［小田ら　２０１３］。

先進的な稲作経営においては、作目の複合化、事業の多角化、生産コスト低減、省力化技術の導入、高付加価値化による差別化など様々な戦略が取り入れられている。さらに、稲作部門の所得を安定化する方策として販売チャネル拡大への対応を図る経営も多くみられる。また、従来の家族労働力のみならず雇用労働力が作業の担い手として重要な意味をなしている。特に、高度な技術および管理能力を持つ人材の育成が極めて重要となってきており［南石　２０１６］、情報の利活用および経営内での技術・技能の伝承が、経営継続に不可欠な要素となっている。

以上のように、稲作経営を取り巻く環境は大きな転換期を迎えているが、個々の経営が直面している経営内部の環境条件は、当該経営ごとにそれぞれ異なっている。また、経営外部の環境や条件省略も時代の流れとともに変化していく。農業経営が自身の経営を持続的に発展・成長させていくためには、経営内部および経営外部の環境変化に対応していくことが不可欠であり、各経営において、明確な経営ビジョンや目的の設定を含めた経営戦略策定および戦術選択が求められる［南石　２０１１、小田ら　２０１３］[1]。

そこで本章では、先進的大規模稲作農業法人４社（以下、法人と略記）を具体的事例として取り上げ、稲作法人に係る経営戦略と地域での取り組みについて明らかにすることを目的とする。具体的には、個別法人における経営戦略に焦点を当て、経営課題および課題解決のための具体的な対応策（戦術）についての検討を行う。その際、各法人においては、どのような生産技術を組み合わせて（技術パッケージ）、技術進展を図っているのか、地域社会の一構成員である農業法人が地域においていかなる取り組みを行っているのかについてもあわせて検討を行う。

以下、次節では各法人の経営概況および経営目的について述べる。第3節では、各法人における経営課題およびその対応策について検討を行う。第4節では、各法人と地域との関わりについての具体事例を述べる。最後に、第5節では本章のまとめを行う。

2 先進的稲作法人の経営概況と経営目的

本節では、法人4社における経営概況および経営目的について、長命・南石［2016］を要約するかたちで見ていくこととしよう。なお、これら4社は「農匠ナビ1000プロジェクト」に参画している先進的稲作法人である。

各法人の経営概況については、表1に示すとおりである。労働力の構成は、役員数が2～4名、従業員は最も少ないAGLで2名、最も多いフクハラファームで13名となっている。水田の経営面積は、フクハラファームで165ha、横田農場で125haと100haを超す規模となっている。他方、ぶった農産およびAGLは30ha規模の経営である。

次いで各法人における栽培方法の特徴を見てみると、特別栽培の他に、フクハラファームでは合鴨農法による有機栽培、横田農場では紙マルチによる有機栽培、ぶった農産では高密度育苗栽培技術(2)の導入、AGLでは紙マルチ移植による減農薬栽培などの取り組みを行っている。こうした栽培技術は、実需者が求める高付加価値化を創出するための技術である。その一方で、高密度育苗栽培技術、紙マルチ移植栽培などは、省力化技術としても導入されている。

各法人における特徴的な事業を挙げると、フクハラファームでは加工用米（餅や酒米）の生産、生産調整対策としての麦および大豆に加え、野菜・果樹の生産、横田農場では米粉スイーツの製造・販売、ぶった農産では自社で利用する加工用原料野菜の生産、かぶら寿しを中心とした加工品の製造・販売、ＡＧＬでは繁殖雌牛の飼養に加え、稲発酵粗飼料（ＷＣＳ）の生産、植物工場のコンサルタントなど、多様な事業に取り組んでいる。

次いで各法人の経営目的について見てみると、フクハラファームでは、「高品質・収量増加と低コスト化の両立」および「再生産可能な生産コストの実現」を経営目的としている。横田農場では、「規模拡大によるコスト削減」および「少数精鋭の人材育成」を目的として掲げている。ぶった農産では、「高品質・高食味かつ低コスト化」を、ＡＧＬでは「高売り上げ・高収入」および「低コスト化」を経営目的としている。各法人の共通した経営目的としては、高品質および収量の増加と低コスト化の両立を掲げていた（表1）。

3　今後の経営課題と対応策

大規模稲作経営においては、農業経営を取り巻く環境変化と農業経営内部の変化に対応したマネジメントが重要である。こうした経営においては、経営戦略に基づく技術の組み合わせ（技術パッケージ）により、様々な対応を図っていることが考えられる。経営継続のためには、経営目的の設定および経営戦略の策定が不可欠である。そのうえで、栽培管理・作業技術を刷新し、品種選択による作期拡大を図り、技術・技能伝承を含め

表1　各法人における経営概況と経営目的[1)]

		フクハラファーム	横田農場	ぶった農産	AGL
経営形態 (設立年次)		有限会社 (1994年)	有限会社 (1996年)[2)]	株式会社 (2001年)[3)]	株式会社 (2006年)
資本金		800万円	300万円	1000万円	200万円
売上（2014年）		3億800万円	1億3000万円	1億4600万円	5000万円
労働力（人）	役員	4	2	4	2
	従業員	13	11	8（うち契約社員1）	2
	長期パート (臨時雇用)	1	5	10 (その他季節パート、多数)	2
水田経営面積		165ha	125ha	28.0ha	21.2ha
その他農作物経営面積		麦30ha、大豆10ha、 露地野菜10ha		1.4ha	0.6ha
水稲作付面積		157ha うち加工用・新規需要米（70ha）	125ha（うち直播7ha） うち加工用（27.2ha） うち飼料用（3.9ha） うち備蓄用（12.3ha）	28.0ha うち加工用（0.9ha）	21.2ha うち飼料用（4.7ha）
その他農作物作付面積		転作40ha 野菜・果樹（15ha）		加工用（かぶ・大根：1.1ha） 加工用（なす・夏野菜：0.3ha）	とうもろこし（0.6ha）
作業受託面積		延べ50ha 水稲（延べ30ha） 麦（延べ15ha） 大豆（延べ5ha）	延べ水稲（20ha）	水稲（1.6ha）	水稲（10.6ha）
主要事業	農産物	水稲・野菜栽培	水稲栽培	水稲・野菜栽培	水稲栽培
	農産加工	加工・加工品販売 (酒・餅)	加工・加工品販売 (米粉スイーツ)	加工・加工品販売 (かぶら寿し、麹なす、魚糠漬け、等)	
	その他	作業受託	作業受託	作業受託	作業受託 畜産（繁殖雌牛） 稲発酵粗飼料（WCS） 副産物（稲わら） 植物工場コンサルタント
食用米の特徴的な栽培方法		特別栽培（41ha） 有機栽培 (合鴨農法：6.6ha)	特別栽培（30.7ha） 有機栽培 (紙マルチ：4.6ha)	特別栽培 (24.8ha) 高密度育苗栽培技術 (低コスト技術：3.7ha)	特別栽培 (疎植栽培：14.3ha) 減農薬栽培 (紙マルチ：0.3ha)
経営目的		・高品質・収量増加と低コスト化の両立 ・再生産可能な生産コストの実現	・規模拡大によるコスト削減 ・少数精鋭の人材育成	・高品質・高食味かつ低コスト化	・高売り上げ・高収入 ・低コスト化

注1：各法人社長に対する聞き取り調査（面積は2015年度実績）。
2：2008年より現代表の横田修一氏が代表取締役となる。
3：1998年に有限会社設立。
出所：長命・南石（2016）26～27頁および29頁（経営目的）より転載。

た人材育成により役員及び従業員が有機的に機能するような組織を形成することで、規模拡大への対応、それに応じた販路拡大を図っていく必要がある。

本節では、長命・南石［2016］および法人代表者への新たな聞き取り（2015年7月実施）を用いて、課題に接近する。表2は、各法人における今後の経営課題とその対応策を示したものである。今後の経営課題としては、以下の4つが共通する課題として挙げられた。それらは、①収量・品質の向上、②低コスト・省力化、③人材育成、④販売計画である。これら4つの項目は、先に述べた経営目的と関連した項目であるといえる。

まず、①収量・品質の向上に関しては、フクハラファームでは、収量・品質の向上・安定化が経営課題であると考えており、その対応策として「適期作業および水管理」、「生産技術体系の確立」、「ICTを利用したデータの蓄積・分析（ノウハウの見える化）」が有効であると考えていた。横田農場では、栽培管理の高精度化、収量・品質の向上が課題であると考えており、その対応策として「生育にあわせた適切な栽培管理のためにICTを活用した圃場管理」が有効であると考えていた。ぶった農産の経営課題は、品質の安定化であり、そのために「ICTの利活用などによるばらつきの最小化」および「施肥管理・水管理」が有効な対応策であると考えていた。AGLでは、収量・品質の向上が重要であると考えており、「高品質・多収量品種の導入」、「新品種の試験栽培」、「ICTによる農作業情報の利活用」が有効であると考えていた。

各法人共通した対応策として、ICTの利活用を挙げていた。またその活用方法としては、圃場管理や栽培管理などに関するデータの蓄積や分析が中心であり、その分析結果を用いて、収量や品質の向上、ばらつきの低減に寄与することが重要であると考えていた。またその他の対応策として、適期作業を行うための栽培計画の策定、適切な水管理および施肥管理、新品種の導入などを挙げていた。特に、水管理に関しては、各法人と

表2　各法人における今後の経営課題とその対応策

	フクハラファーム	横田農場	ぶった農産	AGL
①収量・品質の向上	●収量・品質の向上・安定化 ・適期作業および水管理 ・生産技術体系の確立 ・ICTを利用したデータの蓄積・分析 （ノウハウの見える化）	●栽培管理の高精度化、収量・品質の向上 ・ICTを活用した圃場管理（生育にあわせた適切な栽培管理）	●品質の安定化 ・ICTの利活用などによるばらつきの最小化 ・施肥管理・水管理	●収量・品質の向上 ・高品質・多収量品種の導入 ・新品種の試験栽培 ・ICTによる農作業情報の利活用
②低コスト・省力化	●低コスト・省力化 ・データ分析結果の活用による効率化 ・複合経営の確立 ・面的集積・一区画の拡大	●規模拡大（農地集積）・コスト削減 ・機械体系1セット ・直播栽培技術の安定化 ・多品種・作期分散 ・ICTの利活用・見える化 ・点在している圃場の連坦化	●小区画での作業効率の向上 ・機械作業効率の向上 ・繁忙期における適正人員の確保 ・高密度育苗栽培技術の導入 ・田面均平化技術	●作業の効率化・低コスト化 ・作業体系の明確化と標準化 ・作業マニュアルの作成 ・ICTによる圃場情報の利活用 ・機械稼働率の向上 ・規模拡大・圃場の集約
③人材育成	●技術伝承・経営継承 ・ICT（アウトドアカメラやドライブレコーダー）を用いた作業動画の利活用 ・知財・技術の伝承 ・後継者育成 ・効率的な人材管理とマネジメント意識を持った人材の育成	●経営内部の組織化 ・規模拡大と集約化に対応できる人材育成 ・経営管理の合理化	●効率的な人材教育（技術伝承）、人材の定着 ・ICTデータの利活用による技術伝承 ・作業要点をまとめた教材作成 ・知識以外の姿勢や考え方の伝承 ・情報の取捨選択能力・判断能力の養成	●熟練人材の確保 ・人材育成のための教育・待遇改善
④販売計画	●売価が市場相場に依存 ・高付加価値化による差別化 ・販売交渉力の強化	●家庭用、業務用、加工用と米の販売先の多様化 ・多品種・作期分散 ・販売価格の安定化とリスク分散 ・販売チャネルの拡大 ・顧客の拡大（ファン作り）	●持続可能な経営、農業を軸としたサービスの充実 ・自社ブランドの確立による顧客対応 ・顧客・従業員・会社へとサービス向上の面的展開	●販路拡大 ・ホームページ開設 ・海外進出（シンガポール）

出所：長命・南石（2016）および新たな聞き取り調査より筆者作成。
注：表中●は経営課題を、・は経営課題に対する対応策を示している。

も、これまでの経験や勘に頼っているところが大きいとの考えが多かったが、今後は蓄積したICTのデータを活用し、効率的な管理を行っていくことが重要であると認識していた。

次いで、②低コスト・省力化に関しては、フクハラファームでは、低コスト・省力化を課題と考えており、具体的な対応策として、「ICTを用いて記録したデータの分析結果活用による効率化」、「農地の面的集積・一区画の拡大」、さらには「経営の複合化」を挙げていた。横田農場においては、規模拡大（農地集積）・コスト削減を課題と考えており、対応策として「機械体系1セットでの作業効率向上」、「多品種・作期分散」、「ICTの利活用・見える化」、「圃場の連坦化」のほかに、「直播栽培技術の安定化」が有効であると考えていた。ぶった農産では、小区画での作業効率の向上を経営課題としており、「機械作業効率の向上」、「繁忙期における適正人員の確保」、「高密度育苗栽培技術の導入」、「田面均平化技術の導入」により、作業の効率化・省力化を図ろうとしていた。AGLでは、作業の効率化・低コスト化を経営課題としており、「作業体系の明確化と標準化」、「作業マニュアルの作成」、「ICTの圃場情報の利活用」、「機械稼働率の向上」、「規模拡大・圃場の集約」を挙げており、作業体系の構築とそれに応じたマニュアルの作成を重視していた。各法人で共通する要素として、作業効率を向上させることを挙げていた。なお、フクハラファームで行っている水稲作後の野菜生産などの経営複合化、AGLでの稲わら副産物の利用・販売などは、農地利用率向上による生産コスト低減にも貢献しているといえる（表2）。

こうした低コスト・省力化の課題に対しては、すでにいくつかの技術の実用化・商品化がなされている。南石［2016］では、様々な要素技術を組み合わせることにより、生産コストの低減（技術導入費用考慮済み）が可能であることも実証している。例えば、高密度育苗栽培技術を導入することで、玄米1キロあたり5・8〜8・8円の削減が、流し込み施肥技術の導入では、玄米1キロあたり1・1〜2・9円の削減が、気象変動対応型栽培技術の導入では、玄米1㌔㌘あたり8・7円の削減がそれぞれ可能となる。
③人材育成に関しては、フクハラファームでは、「ICT（アウトドアカメラやドライブレコーダー）を用いた作業動画の利活用」、「効率的な人材管理とマネジメント意識を持った人材の育成」などが必要であると考えていた。横田農場では、経営内部の組織化が重要であり、「規模拡大と集約化に対応できる人材育成」および「経営管理の合理化」が必要であると考えていた。ぶった農産では、効率的な人材教育（技術伝承）および人材の定着が重要であり、その対応策として「ICTデータの利活用による技術伝承」、「作業要点をまとめた教材作成」、「知識以外の姿勢や考え方の伝承」、「情報の取捨選択能力・判断能力の養成」が有効であると考えていた。AGLでは、熟練人材の確保が重要であり、「人材育成のための教育・待遇改善」が必要であると考えていた。
これら人材育成に関する課題においてもICTは重要な役割を果たすと考えられていた。例えば、これまでは、作業現場において共同作業を行う実践型の指導が主流であり、農作業が可能な時期にしか技術指導・教育はできなかったが、映像コンテンツを利用することで、時間と場所を気にすることなく、熟練者から未経験者へ効率的な技術指導・教育が可能となる。将来的には、ICTを活用し経営を支える人材、人材管理やマネジメント意識などを有した人材を育成していくこと、経営内部の組織化を図っていくことが重要であるといえる。
④販売計画に関しては、各法人が置かれた状況により多様な課題および対応策が挙げられていた。フクハラファームでは、米の売価が市場相場に依存していることを課題としており、有効な対応策として「高付加価値化による差別化」および「販売交渉力の強化」を挙げていた。横田農場では、家庭用、業務用、加工用と米の販売先の多様化を課題として挙げており、「多品種・作期分散」、「販売価格の安定化とリスク分散」、「販売チャネルの拡大」、「顧客の拡大（ファン作り）」が重要な対応策であると考えていた。ぶった農産では、持続可能な経営、農業を軸としたサービスの充実を課題としており、「自社ブランドの確立による顧客対応」および「顧客・

従業員・会社へとサービス向上の面的展開」が有効であると考えていた。ＡＧＬでは、販路拡大が課題となっており、対応策として「ホームページの開設」および「海外進出（シンガポール）」を挙げていた。

以上、各法人における今後の経営課題および対応策について検討してきた。今後の課題解決への対応策として、多くの法人でＩＣＴの利活用を挙げていた。実際の現場では、ＩＣＴを利活用した情報収集・管理・分析を行うことで、より効率的な対応が可能であると考えられている。さらに、人材育成の場においても期待が高いことから、次世代を担う人材を輩出していくシステムを経営内で構築することも重要であるといえる。特に、人材確保の視点から今後は、従業員への教育・育成システム、経営環境の整備など、経営における組織文化を醸成していくことが重要となってくるといえる。

4　先進的稲作法人と地域との関わり

稲作経営は、地域社会との関係が深いといわれているなか、緒方ら［２０１７］は、法人経営における経営目的について分析しており、その結果、稲作経営は他の作目の経営よりも「地域農業・地域社会への貢献」を重視する傾向を明らかにしている。また、近隣地域の農家や土地改良区は、農地や用水等の経営資源の調達先であり、農業用資材・機械販売業者やＪＡは生産資材の購入先として、消費者・小売業者や食品加工業者等は、農産物の販売先として、重要なステークホルダーであるといえ、その多くが地域社会を構成している一員である［南石　２０１７a、b］。特に、農業も含めた全ての地場産業企業にとっては、経営者や従業員の居住・生活空間と生産・経済活動空間とが重層的に関連している場合が多く、生活・経営の両面で重要なステークホルダーである「地域社会」との関係性構築は、農業経営者が取り組むべき活動の1つであることに異論はないであろう［南石　2017a、b］。そこで本節では、各法人と地域との関わりについて見ていく。

フクハラファームでは、先代の社長が中心となって、十数年前より、地域全体の取組として面的集積を実施し、地域の農業経営者の仲間内で利用権の交換（協議による農地交換）を行ってきた。また、地域での環境啓発イベントへの協力や圃場周辺の除草作業への参加など、地権者として農地管理の責任を果たしている。将来的には現在の生産体制で200ヘクタールを超えても十分対応は可能であるが、ただ単に面積を増やすのではなく、区画の拡大を十分に行いながら、圃場の枚数をできる限り増やさない形での拡大を考えている。

横田農場では、地域において農業の担い手が減少している状況下にあり、地域から信頼される存在であることが求められている。生産・作業面においては、以下の2つの取り組みを行っている。一つは、作業受託（田植え、稲刈りなど）であり、毎年、決まったところからの依頼の他に、例えば、急な機械の故障による突発的な依頼にも対応している。もう一つは、土地改良区から依頼されている揚水機の運転を請負っている。他方、地域の人々との関わりとして、地域の子供たちに農業体験を通じて農業や米を知ってもらうために平成15年より「田んぼの学校」の活動を行っている。この活動では、食育や環境教育も含め、次世代の子供たちに農業や米のことだけでなく、日本の文化を伝えることも活動の意義に含まれている。

ぶった農産では、市街地（金沢市）と隣接している立地条件のため、他の法人よりも生産および農地集積について苦労する点が多い。創業以来、十分な圃場管理を行い、ぶった農産の応援者を中心に農地集積を行ってきた。また、作業受託から全面委託への移行により農地集積を図ってきた。他方、地域の人々との関わりについては、ステークホルダーに対して、水稲および野菜栽培等の体験農園（例えば、小学校でのかぶら寿し教室、地域かぶら組合を通じた学校給食へのかぶら出荷、保育園での味噌づくり教室など）や地域農業祭への出店を行っ

表3　各法人と地域との関わり

●フクハファラーム
大規模稲作経営者間での協議による農地交換
環境啓発イベント・圃場周辺の除草作業への参加

●横田農場
地域からの依頼による作業受託・土地改良区の揚水機の運転
農業体験、食育・環境教育・中間管理事業の利用促進

●ぶった農産
作業受託から全面委託への移行により農地を集積
体験農場（教室）・地域への出役・学校給食（かぶら）

● AGL
地域農家の高齢化に伴う作業受託・農地集約
農業体験（中学校の社会科体験、インターンシップ）

出所：長命・南石（2016）および新たな聞き取り調査より筆者作成。
注：上段は生産者として、下段は地域に対しての対応である。

ている。また、生産部を中心に、用水管理作業（江掘り）への出役を行っている。近年では、金沢駅付設のショッピングモール「あんと」へ出店するなど、多様な活動を行っている。

AGLを見てみると、生産面では、周辺地域の農家が高齢化しているため、作業受託を請け負っている。また、他の地域同様に、高齢の農家から農地を借りてもらいたいという依頼が増えてきているため、農地集積が進行している。他方、地域の人々との関わりとしては、中学校の社会科体験、インターンシップの受け入れ、農業体験の実施などの活動を行っている。AGLでは、農地（地域）の保全のため、作業性、収益性のみを求めるのではなく、地域に対する貢献が重要であると考えている（表3）。

以上、農業法人と地域との関わりについて見てきた。各法人とも立地している地域の問題・課題に対応した形で取り組みを行っていた。また、生産者としての関わりでは、周辺地域の農家の高齢化が進行する中での委託作業などの取り組みが、地域の人々との関わりでは、農業の現場での体験等を通じて農と食を地域の人々に伝える取り組みなどが行われており、各法人において様々な関わりを持っていることが明らかとなった。

5　ＩＣＴを活用した生産管理と地域との関わりの重要性

本章では、先進的稲作法人４社を事例として取り上げ、稲作法人に係る経営戦略と地域における取り組みを明らかにすることを目的とし、検討してきた。その際、各法人における経営戦略に焦点を当て、経営課題を遂行するための具体的な対応策および地域での具体的な取り組みについても検討を行ってきた。分析の結果、以下の３点が明らかとなった。

第一に、各法人の共通した経営目的として、高品質・多収量および低コスト化を達成することが掲げられていた。この点に関しては、多品種の組み合わせによる作期分散、田植え機・コンバインなど機械化体系１セットによる機械・作業の効率化、経営の複合化、省力化栽培技術の導入、副産物の利活用などの生産技術の組み合わせ（技術パッケージ）により、対応を図っていることが明らかとなった。

第二に、今後の経営課題としては、収量・品質の向上、低コスト・省力化、人材育成、販売計画の４つが共通した項目として挙げられていた。これらの課題に対しては、各法人が立地している地域において制約される条件が異なるため、各法人とも条件に合った対応策を講じていることが明らかとなった。またその対応策の中で、各法人ともＩＣＴの利活用が有効であると認識していることが明らかとなった。

第三に、各法人と地域との関わりに関しては、経済活動の側面のみならず、地域の人々に農業を伝える生活の側面でも多様な取り組みが図られていることが明らかとなった。

今後は、地域農家の高齢化に伴い、農地集積が加速することが予想され、経営課題への対応策として、ＩＣ

Tを活用した生産管理および地域との関わりがますます重要になってくると考えられる。

［謝辞］本章の研究は、日本学術振興会基盤研究（C）（課題番号：JP16K07901、研究代表 南石晃明）および農林水産省予算より国立研究開発法人農業・食品産業技術総合研究機構生物系特定産業技術研究支援センターが実施する「革新的技術開発・緊急展開事業（うち地域戦略プロジェクト）」の一環として行われたものである。

注

（1）本章で用いる戦略および戦術に関しては、小田ら［２０１３］の定義に従い、「戦略」を「一定のガバナンス下にある経営体が持つ、将来に向けての方向性や目標の達成に資する資源の望ましい「あり様（配分を含む）」とその利活用方法」とし、戦略に対する「戦術」を「一定のガバナンス下にある経営体における与件としての資源の利活用方法」と整理しておく。すなわち、「戦術」では与えられた資源（労働力や資金など）をどのように利活用して具体的な目標（質的・量的）を達成しうるかが問題となる。

（2）この技術の具体的なメリットは、第一に、通常の播種と比べ、苗箱個数が約3分の1となること、第二に、高精度田植機を使用することにより、田植機への一度の苗積で、約30アールの圃場を補給なしで作業を行うことができること、第三に、資材・施設・作業コストを大幅に削減することが可能となることである。

参考文献

［1］小田滋晃・長命洋佑・川﨑訓昭（編著）（２０１３）『農業経営の未来戦略Ⅰ 動きはじめた「農企業」』、昭和堂。

［2］緒方裕大・南石晃明・長命洋佑・西瑠也（２０１７）「農業経営における経営目的と経営管理意識――農業法人全国アンケート調査から」『２０１7年度日本農業経済学会大会報告要旨』K21頁。

［3］長命洋佑・南石晃明（２０１６）「大規模稲作経営の経営戦略と革新」南石晃明・長命洋佑・松江勇次（編著）『TPP時代

の稲作経営革新とスマート農業――営農技術パッケージとＩＣＴ活用』、養賢堂、24～39頁。

［４］内閣府（２０１４）「『日本再興戦略』改訂　２０１４――未来への挑戦」（https://www.kantei.go.jp/jp/singi/keizaisaisei/pdf/honbun2JP.pdf）２０１７年７月14日参照。

［５］南石晃明（２０１１）『農業におけるリスクと情報のマネジメント』、農林統計出版。

［６］南石晃明・飯國芳明・土田志郎（編著）（２０１４）『農業革新と人材育成システム』、農林統計協会。

［７］南石晃明・藤井吉隆（編著）（２０１５）『農業新時代の技術・技能伝承――ＩＣＴによる営農可視化と人材育成』、農林統計出版。

［８］南石晃明（２０１６）「大規模稲作経営革新と技術パッケージ――ＩＣＴ・生産技術・経営技術の融合」南石晃明・長命洋佑・松江勇次（編著）『ＴＰＰ時代の稲作経営革新とスマート農業――営農技術パッケージとＩＣＴ活用』、養賢堂、２～22頁。

［９］南石晃明ら（２０１６）「農林水産省緊急展開事業」、「農業生産法人が実践するスマート水田農業モデル『農匠ナビ１０００』公式Ｗｅｂサイト」（http://www.agr.kyushu-u.ac.jp/lab/keiei/NoshoNavi/NoshoNavi1000/index.html）２０１７年７月25日参照。

［10］南石晃明・長命洋佑（編著）（２０１６）『農匠ナビ１０００公開シンポジウム「ＴＰＰ時代の稲作経営革新とスマート農業――営農技術パッケージとＩＣＴ活用」報告要旨』、九州大学大学院農学研究院農業経営学研究室。

［11］南石晃明（２０１７ａ）「農業経営革新の現状と次世代農業の展望――稲作経営を対象として」『２０１７年度日本農業経済学会大会報告要旨』Ｓ９～Ｓ47頁。

［12］南石晃明（２０１７ｂ）「農業経営革新の現状と次世代農業の展望――稲作経営を対象として」『農業経済研究』第89巻第２号、73～90頁。

［13］農林水産省（２０１５）「農業経営統計調査『平成26年産米生産費』」（http://www.maff.go.jp/j/tokei/sokuhou/seisanhi_kome_14/）２０１７年７月30日参照。

第5章 先進的農業経営体と商工業者との持続的な連携
——ミスマッチをいかに防ぐのか

川﨑訓昭

1 農商工連携の実態

筆者はこれまで、いわゆる「農商工等連携関連二法[1]」と「六次産業化法[2]」の制定を契機として推進されてきた農業経営の多角化や高度化に関する理論構築・実証分析を行ってきた[3]。分析にあたり、多くの先進的農業経営体を調査するなかで、「加工業者に農産物加工を委託したけれど、1回きりだった」「農産物の加工を委託したいけれど、どうすればいいのだろう」という話をしばしば耳にした。農商工連携は、農業経営体側からは経営の多角化に向かうスタートとして大きな期待を持たれているが、一次産業・二次産業・三次産業それぞれの思惑の相違や、業種による商慣習の違いなどから、継続的な取り組みとならないケースも散見される。そこで本章では、一次産業・二次産業・三次産業の各事業体が、互いの経営体の強みや特徴を商品として引き出せるような連携関係を持続的に構築するための方策を考察することとする。

農商工連携と六次産業化の政策展開については、室屋［2014］[4]で関連法制定に至る経緯や両事業の政策上の相違点が詳しくまとめられているが、本章においては特に「一次産業・二次産業・三次産業の各産業が連携・融合し、新事業を創出する取り組み」としての農商工連携を題材とし、課題にアプローチすることとする。

2　ミスマッチを防止する新たな取り組み

従来から広く存在する農業経営体と商工業者との関係性は、連携というよりも商取引を基盤としたものであった。そこでは、農産物の青果物としての生産を主に狙い質・量ともに不安定な規格外品を加工向けなどに商工業者に提供しようとする農業経営体側と、安定した品質の原料農産物を安定した価格帯で供給してほしい食品・加工企業側との思惑の違い等のミスマッチが内在することは多くの研究で指摘されてきた（たとえば、堀田［2009］など）。特に、農業経営体側が単なる原材料提供者として位置づけられやすい、単発的な商品開発に留まり継続的な収益確保に至らないといった傾向があるとされている。

このようなミスマッチの防止を念頭に、近年取り組まれている農商工連携では、法律に基づく各事業の支援措置（たとえば、ふるさと名物応援事業や信用保証の特例など）を受けるためには、事業者の役割分担を明確化することや経営資源の有効活用を図ることが要件とされている。また、中小企業基盤整備機構による農業者及び商工業者への円滑な連携に向けたサポート体制も構築されている。このような政策整備や支援体制の拡充もあり、商工業者が農林水産物の加工・販売以外にも、農業用の生産・加工の新たな機械開発や技術革新に取り組むなど、先進的農業経営体の強みや特徴をより引き出せるような連携関係の構築が図られている。

その背景の一つとして、我が国の社会環境の変化を受けた農業経営体の生産構造の大きな変化が指摘できる。ここでは、特に野菜作経営を例としてその変容を紹介しよう。近年、野菜作経営においては食生活とライフスタイルの変化による業務用野菜の需要増への対応が必要不可欠となってきている。これまで主に外食産業で利用されてきた業務用野菜は、現在ではスーパーマーケットや百貨店の惣菜製造などの中食産業にも広く浸透してきている。

野菜作経営が中食・外食業者と農商工連携を行うメリットとしては、主に農産物の重量ベースでの取引となることがあげられる。すなわち、規格や見た目の良さなどを含めた品質に過度にとらわれず、中食・外食業者が利用できる野菜の量が多くなるよう重量を重視した栽培への転換が可能となる点や、市場で取り引きできない規格外品の商品化が可能となる点があげられる。また、取引価格が半年や1年ごとに決められるため、天候不順や過剰供給などによる価格の変動の影響を受けにくい点も指摘できる。

その一方で、中食・外食業者のニーズは、「定時・定量・定価格・定品質」であるため、農業経営体側は、あらかじめ決められた価格で、注文通りの品質のものを注文通りの量で、納期内に納めることが求められる（写真1）。しかし、農業生産は自然現象や気候変動の影響を受けるため、生産自体が不安定である。農業経営体は、欠品のリスクを回避するために、通常の1・5倍程度の生産量を確保できるように作付けすることで生産量の不安定性への対応を図っている。

また、中食・外食産業では原料用野菜の安定的な確保に苦慮してきたことから、同業者・他事業者を含めた多様なネットワークの形成が、原料の安定確保に向けた課題とされてきた。しかし、先進的農業経営体と中食・外食業者ともにそのようなネットワーク形成に必要な資源を欠きがちであり両者に広範なつながりを持つ第三者を介して連携が図られるケースが増加している。このような第三者は「コーディネーター」と呼ばれ、取引

数量を確保し、欠品リスクを低減するためのセーフティネットを張り巡らすなどの対応策を近年積極的に展開している。たとえば、コーディネーターは安定した農業生産を行う技術を有する多くの農業経営体を結びつけ、産地リレー体制を構築するなどして突発的な事故や災害による欠品リスクの低減を図る。また、農産物の特徴を把握し、その特徴にあった中食・外食産業とのマッチングサービスを提供するだけでなく、時には栽培、収穫・調整作業や在庫管理に関するアドバイスを行う。さらに、中食・外食業者に、売込みポイントとなる自社の経営資源を整理させて自社の強みを認識させ、農業経営体との連携を図る際に相手が自社との連携のメリットを容易に理解できるよう働きかけたりもする。加えて、自社の製品のコンセプトにより適した原料を提供しうる農業経営体との連携を可能とするマッチングも行う。

写真１　定時・定量・定価格・定品質で提供される人参

3　コーディネーターによる新たな農商工連携の動き

農商工連携と六次産業化の政策展開上の経緯(5)もあり、農商工連携におけるコーディネート機能と六次産業化におけるプラン策定のサポート機能の両方の機能を同一の人材・組織が提供している事例が多く見受けられる。このコーディネーターの役割について、まずは理論的に整理しておこう。加護野［1980］[6]に代表される組織形態論では、事業連携に伴う事業主体間の調整を行うコーディネーターの役割は、各主体の参加を得ながら事業を円滑に推進するために、事業の企画段階から事業の実施に到る様々な過程で調整を行うこととされる。事業連携の推進過程で生じる調整の場面を、意志決定レベルの段階で捉えると、A．提案された事業導入の採否を決定する上で重要な役割を果たす事前の検討段階（企画段階）、B．事業導入が決定され、事業の方向性、事業内容を具体的に検討する段階（具体的検討段階）、C．事業の実施に向けて具体的な運営方法や構成員の確定などの最終決定を行う段階（最終段階）の3段階に区分される。

この各段階で機能する調整主体としては、連携事業体の幹部、連携事業体の中に組織される委員会、第三者主体、連携事業に参画ないしは関心を持つメンバーで組織された非公式グループの4つが抽出される。このうち、非公式グループが調整主体となる場合は割合が少ないと考えられ、その他の3つの調整主体が各段階でどのように関わっていくかが重要となる。この中で、本章で対象とする第三者主体によるコーディネーターの特徴としては、連携事業体とコーディネーターとが明確に異なるため、客観的な立場で状況に応じて最適な調整を行うことができ、調整に際し連携事業体の構成員に対する高い説得力を持つという利点がある。

実際の調整過程においては、各主体の現状認識に対する認知レベルの差、環境条件や組織への価値や期待などの差について妥協点を見出し、主体間のコミットメントを得ることが重要となる。そのため、正当性を確保するためコーディネーターには専門知識や情報の獲得が必要とされ、各事業主体に対するコミュニケーションを通じて、事業主体間の調整を行う。ここで、構成員全体に対するコミュニケーションは、文書による告示・伝達、教育・研修を通じての情報提供・啓蒙、会議での報告・内容説明などを通じて行われる。

このコーディネーターとして、具体的に関西地区においては、農商工連携のコーディネート機能を果たしている組織として、「6サポWEST（中央サポートセンター関西地区専門チーム）」がある。この6サポWESTは関西の府県に配置された六次産業化サポートセンターの六次産業化プランナーにより構成されており、六次産業化のプラン策定の役割も担っている。月ごとに例会を開き自身の取り組みを報告したりセミナーを開催したりしている。関西地区の農商工連携の推進には、この6サポWESTのメンバーが積極的に関与しており、農業経営体と商工業者とのコーディネートに重要な役割を果たしている。特に、サポート対象となる農業経営体の経営規模や人的規模を考慮し、六次産業化か農商工連携か、いずれの方針を取るか判断材料を提供し、連携に向けたマッチングを行っている。

ここで、6サポWESTのメンバーで、農商工連携事業のコーディネーターとして活躍している山本文則氏（NPO法人農楽(のら)マッチ勉強会理事長、中小企業診断士、6次産業化プランナー）の取り組みを紹介しよう。山本氏は、アパレル企業や物流企業での生産管理や営業担当を経たのち、2014年にNPO法人農楽マッチ勉強会を立ち上げた。農業者・消費者・商工業者・教育者・学生など多様な立場の人々が交わる場をセッティングし、農業や食が抱える問題解決に向けた意見交換や、参加者同士の情報交換によるビジネス機会の創出を行っている。

また、2015年より「〝食〟儲けるネットワーク会議」を共同企画し、大阪府内の食にかかわる一次産業・二次産業・三次産業の各業種を集め、新しい試作品やサービスの開発を行う場の提供を行っている。この会議には、若手農業者5～6名、パスタ業者やコロッケ業者などの二次産業の業者が5～6名、レストランやインターネット事業者などの三次産業の業者が3～4名参加し、複数の部会を設立し、新たな商品開発や販路開拓に取り組んでいる。

現在、山本氏は先に示した事業推進の企画段階・具体的検討段階・最終段階の3段階において、特に企画段階での事業主体間での調整機能を重視している。その理由として、山本氏は「これまでのコーディネーターとしての経験から、農商工連携で推進する事業の案に対し何らかの不満足や抵抗感をもつ事業参加者の説得を行うよりも、事業参加者の合意形成ができるまで忍耐強く解決方法を探るほうが、その後の段階が取り組みやすい」と述べている。実際、現在進めている部会の一つにビーツ（地中海原産のサトウダイコンの類縁種）の練り込みパスタの開発部会がある。

この部会の事例から山本氏の具体的な取り組みを見ていこう。企画段階において、商品の開発から製品販売までの時間を比較的長く設定し、開発した商品を季節ごとに切り替える必要性を忘れがちな農業経営体側と、商品開発のスピード感や社会の流行を優先し農産物の旬や収穫適期を忘れがちな農商工業者側との意見交換を頻繁に（2015年から2016年3月にかけてこれまでに4~5回）行ってきた。また、会議での意見交換だけでなく、商工業者による農場での現場研修や農業経営体が消費者ニーズを把握するためのレストランでの現場研修などの場を設けることで、双方の事業主体の連帯感を醸成することを目指している。この「連帯感を醸成することが事業主体間の思惑や目標の相違解消に重要である」と山本氏は述べている。山本氏はこれまでの自らのキャリアの中で培ってきた農業・商業・工業・物流に関する「専門知識」や「情報」を利用し、商品開発に向けた合意を導くよう会議において適切なアドバイスを提供している。

次に、事業の連携が決定され、方向性や内容を具体的に検討する段階（具体的検討段階）になると、山本氏は「事業主体双方の開発に向けたエネルギーを引き出すことを優先する」と述べている。そのため、試作品の試食会やインターネット販売にむけた具体的なウェブサイト作成などを行い、商品開発によって具体的にどの程度報酬が達成されるかを提示し、双方の連携に向けたモチベーションの維持・向上に努めている。また、試作品の更なる改良を行う時点では、農業経営体側・商工業者側の双方に自経営が有する経営資源を再整理させ、改良に向けた更なる提案ができないかということを念頭に置き、この連携事業の強みは何かを双方に思案させ、提示してもらうように会議を進行している。

最後に、具体的な運営を行う最後の段階（最終段階）では、山本氏がこれまで築いてきた人的関係や取引関係を利用し、農商工連携による商品化や販売が円滑に進むためのサービスとして、事業主体に不足しているであろう、例えばラベルの作成会社や販売先を紹介するなど、農商工連携事業に取り組みやすい環境をパッケージとして提供している。ここでも、山本氏の「専門的知識・情報」が役立っているといえよう。

4　コーディネーターにもとめられる役割と資質

本章でみてきたコーディネーターがその役割を果たすために、必要不可欠な資質としては、図1に示すように以下の2点を指摘できる。

一点目は、各事業体の評価できる点を気付かせ、際立たせることである。例えば、加工業者は農産物の品質の高さを生かした加工、小ロットでの受託、新たな食味の追及等、個々の経営体に密着した商品開発を行う。この過程で、農業経営体の持つ強みや優位点が、食味、食感やラベルデザイン等の商品のこだわりとして顕在化している。また、商工業者と連携する農業経営体の規模は、家族経営から企業的経営まで様々であるが、それぞれが有する理念や経営の成り立ちが、商品に独自の「ストーリー性」を付加する。これらが、消費者を引き付ける魅力に繋がるといえる（写真2）。

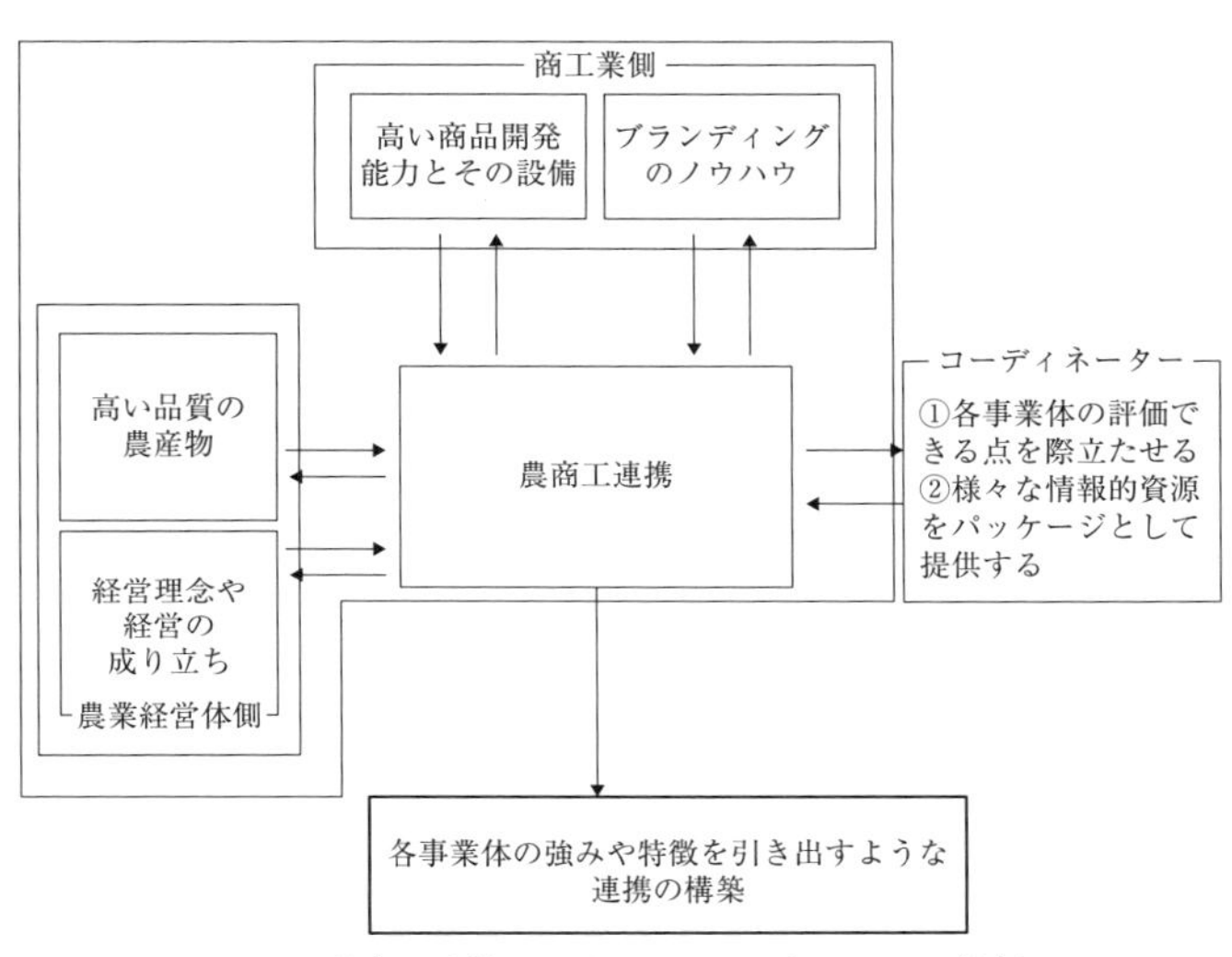

図１　農商工連携におけるコーディネーターの役割
出所：筆者作成。

二点目は、コーディネーターが持つ様々な情報的資源をパッケージとして提供していくことである。農業経営体側と商工業者側からの細かなこだわりに応えることのできる高いコンサルティング力を持ち、十分な人的ネットワークを整えていることはもちろん必要不可欠である。しかしながら、それだけではなく、これまで獲得してきたノウハウやネットワークを、農業の現場に適合するようにアレンジを加え、生産・加工・販売に至るあらゆる場面に対応可能なパッケージとして提供していくことが求められる。また、必要とされる場合には、商品化や販売が円滑に進むためのサービスとして、ラベルの作成会社や販売先の紹介も行うなど、農商工連携事業に取り組みやすい環境を提供することも必要となろう。

5　互いの利得を最大化するために

一般的に、農業経営体は経営に何らかの強みを付加するために、商工業者と連携を行うと考えられる。例えば、

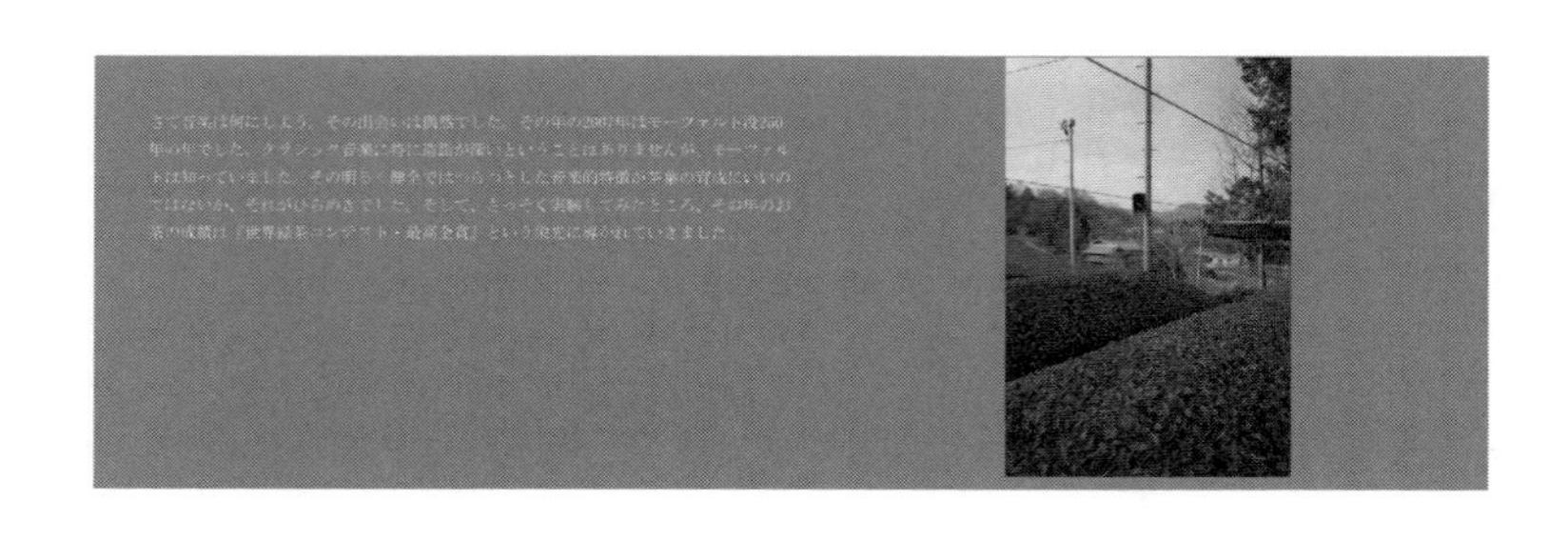

曲目は何でもいいわけではない

茶葉に聞かせる楽曲は、モーツァルトならなんでもいいという訳ではありませんでした。これまでの実績から判断して『マイネ・クライネ・ナハト・ムジーム』『フィガロの結婚』『交響曲第40番』『トルコ行進曲』を聞かせています。音楽と茶葉の育成において必ずしも確定的な科学的根拠があるわけではありません。しかし、成果は出せていると考えています。『世界緑茶コンテスト・最高金賞』を始め数々の賞の受賞をいただけたこと、そのことが成果だと考えています。

写真２　音楽を商品に取り込み独自性を出す茶園
出所：株式会社お茶の木野園ウェブサイトより。

販売の周年化や農産物のブランド化を図る際に、専門知識を有する業者と連携することにより、投資額を抑えつつ新商品開発が可能となる。また、新たな技術習得や人材確保を行う必要がなく、安定的な商品生産・開発が可能となるメリットもある。このように、農業経営体が商工業者との連携により得られる成果は、農業者が享受を期待する枠組みに留まらず、大きな可能性を持つものである。

現在の食品業界を取り巻く価格競争において、農商工連携で開発する商品は大量生産が可能な一般商品に対して優位性を発揮できない場合が多い。だからこそ、農業経営体それぞれの特色や思い、こだわりをいかに商品に反映させることができるかが販売上の重要なファクターとなる。そのような状況下で、農業経営体が取り組む農商工連携においては、農業経営体が有する「個性を引き出し」ながら、その「思いやこだわりを商品化する」ということが重要となる。

以上の点をふまえ、農商工連携を行う場合、農業経営体および商工業者は以下の点に留意する必要がある。農業経営体側では、商品の個性となるような確たる「思い」を持つために、経営理念を明確にすべきである。一方で、商工業者は、自社の加工技術やブランディングのノウハウを再整理することにより、農業経営体との連携に活かせる技術資本を多数有していることを再認識することが重要である。これまで、二次・三次産業で蓄積した技術資本と情報的資源を最大限利用し、農業者に対し魅力的な商品開発を促す取り組みが必要不可欠である。

これまで農商工連携は、農業経営体側から見れば経営の多角化に向けた第一歩に過ぎず、何らかの商品を商工業者と開発し市場に提供するという短期的な目標が重視され、販売管理や更なる連携の構築といった中長期的な視点は軽視されてきた面がある。農商工連携が推進されてから既に10年弱を迎えている現在、中長期的な視点に立った農商工連携の構築が求められており、本章で述べたように農業経営体側と商工業者側の双方の強みや特徴を引き出すためにも、コーディネーターの役割が重要となっている。

［付記］本章は、川崎訓昭［２０１６］(「農商工連携におけるコーディネーターの役割」『農業と経済』、第82巻第4号、69～77頁)で得た知見に加え、新たな調査結果を踏まえて加筆・修正したものである。

注

（1）正式には、「農商工等連携促進法」と「企業立地促進法改正法」の二法であり、中小企業と農林水産業者が連携して行う新商品等の開発・販売促進の取り組みの支援、農林水産関連産業の企業立地を進め、産業集積の形成を促進するための支援により、農商工連携の促進が図られた。

（2）正式名称は「地域資源を活用した農林漁業者等による新事業の創出等及び地域の農林水産物の利用促進に関する法律」であり、２０１０年に制定された。

（3）文献［1］［2］［3］がその具体例である。

（4）農商工連携と六次産業化の政策展開やその課題に関する研究としては、室屋［２０１４：47～74頁］が詳しい。

（５）農商工連携は六次産業化に先立って経済産業局が推進し、その後に六次産業化を農林水産省が推進した。この二つの制度が推進される際に、農商工連携では農業者と商工業者との連携関係の構築、六次産業化では農業者が加工等に取り組むことによる今後の経営プランの策定がそれぞれの省庁で課題として認識された。

（６）文献［４］を参照。

参考文献

［１］小田滋晃・長命洋佑・川﨑訓昭編著（２０１３）『農業経営の未来戦略Ⅰ　動きはじめた「農企業」』、昭和堂。

［２］小田滋晃・長命洋佑・川﨑訓昭・坂本清彦編著（２０１４）『農業経営の未来戦略Ⅱ　躍動する「農企業」――ガバナンスの潮流』、昭和堂。

［３］小田滋晃・坂本清彦・川﨑訓昭編著（２０１５）『農業経営の未来戦略Ⅲ　進化する「農企業」――産地のみらいを創る』、昭和堂。

［４］加護野忠男（１９８０）『経営組織の環境対応』、白桃書房。

［５］堀田和彦（２００９）「農商工連携の分析視角――産業クラスター、ナレッジマネジメントの視点から」『農業と経済』第75号第1巻。

［６］室屋有宏（２０１４）『地域からの六次産業化――つながりが創る食と農の地域保障』、創森社。

第6章　新技術の先行導入者が技術普及に果たす役割
――コウノトリ育む農法を事例として

上西良廣
坂本清彦
塩見真仁

1　技術普及が地域農業の維持に果たす役割

グローバル化の進展など農業経営を取り巻く環境が激しく変化する今日、農業経営の維持・存続、成長・発展は、新技術の開発と採択を通して初めて実現可能である［稲本 2005］。そのため、農業者にとって有益な技術導入を促進するために、技術普及活動が重要な意味合いを持つ。特定の技術が地域内で普及することで、農業経営の経営効率化や、それによる地域内の農地の維持、ひいては新たな農産物産地の創造にもつながる可能性がある。その意味で、技術の効果的普及は地域農業の維持に大いに貢献するといえる。特に地域農業の維持に貢献する技術として、生物多様性や環境保全と関連づけた栽培方法や農地の維持管理手法が挙げられる。こうした技術は、消費者に生産物の安全性や環境への貢献など優れたイメージを与えるためブランド化につながりやすく、農業者の所得向上につながる場合も多いからである。そこで本章では、生物多様性や環境保全と関連づけた栽培技術（以下、「生物多様性保全型技術」）の一例であり、生産された農産物がブランド化を果たし地域農業に貢献している「コウノトリ育む農法」が地域内でどのように普及していったのかを紹介する。

ところで、農業分野における技術普及に関しては、多様な研究成果が蓄積されている。代表的な研究として、主に農村社会学の観点から論じたRogers［2003］がある。Rogersは新技術（イノベーション）の導入時期の違いにより、導入者を「イノベータ（革新者）」、「初期採用者」、「初期多数派」、「後期多数派」、「ラガード（遅滞者）」の5つに分類している。特に初期採用者に関しては、「潜在的な採用者は、イノベーションについての助言や情報を初期採用者から入手しようとする」［ロジャーズ　２００７：２３３頁］ことから、先行導入者がその後の技術普及に重要な役割を果たしうることがわかる。

技術の先行導入者に注目した国内の研究として、藤栄ら［２０１０］は合鴨農法の普及過程を分析し、その先行導入者が存在する地域はそうでない地域と比較して普及速度が速いことと、他の農業者が新たに同農法を導入するまでの期間が短縮されることを明らかにしている。また、技術に関する情報が導入意思決定に及ぼす影響を分析した松本ら［２００５］によると、先行導入者が技術導入の実体験に基づく情報を提供することで普及促進に向けた重要な情報発信者になるという。ロジャーズの述べるところと整合するこれらの研究成果は、先行導入者の存在がその後の技術普及を左右することを示唆している。

以上を踏まえて本章では、兵庫県豊岡市を中心に広まっている「コウノトリ育む農法」（以下、「育む農法」）を対象に、先行導入者が地域内での技術普及にどのような役割を果たしたのかを論じてみたい。具体的には、「育む農法」の先行導入者が、地域における情報発信者として、どのような情報をどのような形（場）で提供したのかを明らかにする。「育む農法」は、普及面積が毎年増加し続けており、さらに近年は国内に限らず海外の消費者からも注目を集めているため、「生物多様性保全型技術」の代表的かつ先進的な事例に位置付けられると考えられる[1]。

なお、本書がテーマとする「先進的農業経営体」という用語は非常に多義的であるが、本章では地域において新たな栽培技術にいち早く着目し、周囲の農業者に情報を提供し影響を及ぼす「先行導入者」を「先進的農業経営体」と捉え、彼らがどのように地域農業の維持や向上に貢献しうるのか、その意義について考察していきたい。

2 「コウノトリ育む農法」の技術的特質と普及経過

本節では、「育む農法」の技術的特質と今日までの普及経過を概観する。「育む農法」は、「おいしいお米と多様な生きものを育み、コウノトリも住める豊かな文化、地域、環境づくりを目指すための農法（安全なお米と生きものを同時に育む農法）[2]」と定義されており、水田内またはその周辺で多様な生物を育み、コウノトリの餌場作りを目的とした栽培技術である。「育む農法」によって栽培された米は、JAたじまが全量集荷し「コウノトリ育むお米」（以下、「育むお米」）としてブランド化されている[3]。

表1は「育む農法」と慣行栽培の栽培体系を比較したものである。「育む農法」に特有な作業として、冬期湛水、早期湛水、深水管理や中干し延期などの水管理を挙げることができる。冬期湛水は収穫後の10月下旬から翌年3月まで水田を湛水状態にすることであり、トロトロ層[4]を形成し雑草種子を埋没させることを目的とする。早期湛水は田植えの1か月前から水田を水深5センチメートル程度の湛水状態に保ち、雑草種子を発芽させた後に浅めに耕耘することで雑草種子を浮かし取り除くことを目的とするものであり、深水管理はヒエ類の雑草の抑制

表1　「育む農法」と慣行栽培の栽培体系の比較

	「育む農法」		慣行栽培
	無農薬タイプ	減農薬タイプ	
冬期湛水	11月～3月にかけて2か月以上湛水		なし
移植前の水管理等	田植前おおむね1か月間湛水、多回代掻き（早期湛水）		荒代、本代掻き
移植後の水管理	活着後8cm以上の深水管理		浅水管理
箱施用剤	使用しない	2016年産から使用しない	使用
施肥体系	元肥＋茎肥（有機肥料のみ）	元肥＋穂肥（有機肥料のみ）	元肥＋穂肥
除草剤	不使用	初中期剤と後期剤のみ（薬剤限定）	使用
中干し	田植後40日頃の6月下旬～7月上旬（中干し延期）		6月上旬～中旬
その他	生き物調査の実施、認証の取得		なし

出所：豊岡農業改良普及センターの提供資料（2016年1月）をもとに筆者作成。

を目的として行われる。中干し延期はオタマジャクシのカエルへの変態を確認するまで中干しを延期することであり、コウノトリの餌となる生物の確保を目的としている。

次に図1は豊岡市内における「育む農法」の導入面積の推移である。2015年度の「育む農法」の面積普及率は13・7％である。導入面積は毎年増加を続けており、特に近年は無農薬タイプの普及拡大に重点が置かれているため、2013年度から2016年度にかけて面積が倍増している。

表2は2015年産米の「育む農法」と慣行栽培の収支を比較したものである。「育む農法」は慣行栽培と比較して物財費（農薬費や化学肥料費）を抑えることができ、さらに、JAたじまが慣行米と比較して高い精算金を設定しているので収入も増加する。一方、追加の除草作業や水管理が必要なことから、慣行栽培よりも労働時間は増加する。しかし、仮にそうした追加作業の労働費を考慮しても、「育む農法」の方が慣行栽培よりも収益性が高いことがわかる。

「育むお米」は、2015年にミラノ国際博覧会（ミラノ万博）に出品されたことがきっかけとなり、近年では海外にも販路を開拓している。「コウノトリの餌場作りを目的とした栽培技術によって育てたお米である」、というストーリーにひきつけられて購入する消

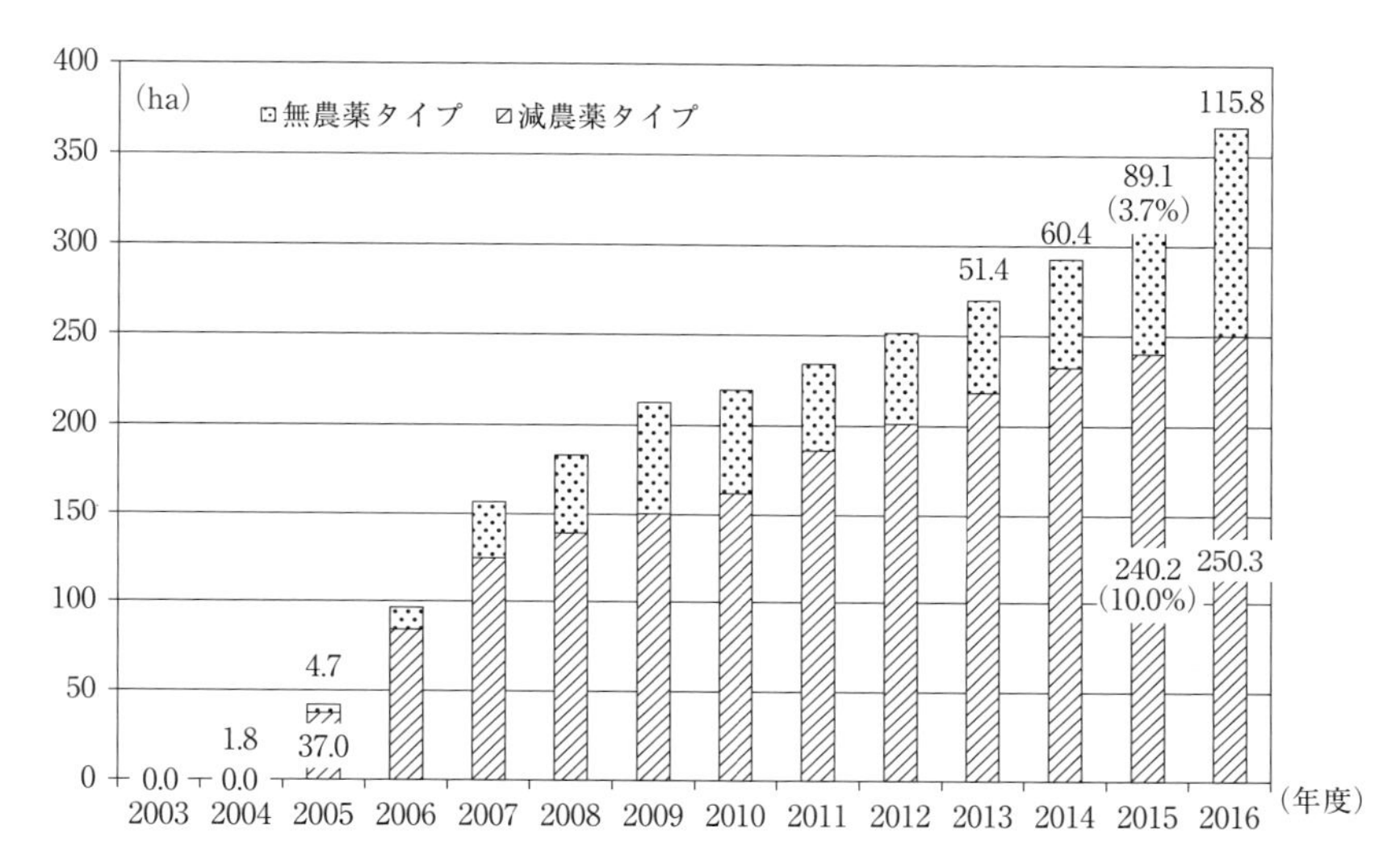

図1 「育む農法」の導入面積の推移(豊岡市)
出所:豊岡市「コウノトリと共に生きる――豊岡の挑戦」パンフレットから抜粋。
注:図中の括弧内の数値は面積普及率を示している。算出にあたっては、『2015年農林業センサス』の豊岡市における販売農家の水稲作付面積の数値(2,395ha)を用いた。

表2 「育む農法」と慣行栽培の収支の比較
(2015年産米、10aあたり)

	「育む農法」		慣行栽培
	無農薬	減農薬	
①販売収入	153,406	133,770	109,585
(単収(kg))	418	490	505
(買取価格(円/30kg))	11,000	8,200	6,500
②助成金	23,500	18,500	7,500
③収入計((①+②)	176,906	152,270	117,085
④物財費	93,906	94,481	110,868
所得((③-④)	83,000	57,789	6,217
労働時間(時間)	34	30	22

出所:豊岡市の提供資料から抜粋。
注:表中の「買取価格」はJAたじまによる精算金である。「助成金」は環境直接支払と生産調整に対する支払が該当し、「物財費」は労働費を含まない。

費者または飲食店などが多い。一方、国内ではこれまでの販売先である小売業者に加え、生協や百貨店とも取引するようになり販路を拡大している。また、豊岡市内の学校給食では週5食とも「育むお米」が使われるようになり、産地全体で消費の拡大と、「育む農法」のさらなる普及が進められている。

3 「コウノトリ育む農法」が技術確立されるまでの経緯

本節では、「育む農法」が技術確立されるまでの経緯と、技術確立に協力した農業者の特徴に関して概観する。

「育む農法」のテーマとなっているコウノトリは、第二次世界大戦以前の日本国内において日常的に観察できたが、1971年に最後の個体が豊岡市で死亡したことで国内の野生下では絶滅した。絶滅の要因として菊地［2006］は、①明治期の乱獲による分布域の減少、②圃場整備などによる低湿地帯の喪失や営巣場である松の減少といった生息地の消失、③農薬など有害物質による汚染、④個体数の減少した時点での遺伝的多様性の減少、を挙げている。この中でも、絶滅の最後の引き金となったのは農薬による影響であると指摘している。同様に、兵庫県立コウノトリの郷公園［2011：7頁］によれば、「コウノトリ絶滅の引き鉄（トリガー）となった要因は、餌動物の農薬汚染と遺伝的多様性の低下であることが強く示唆される」という。こうした知見は、死亡したコウノトリを解剖した結果、高濃度の農薬成分が検出されたことに依拠している。コウノトリの絶滅要因としては様々なものが考えられるが、その一つとして農薬による影響が重視されてきたのである。

1971年の野生下のコウノトリ絶滅以降は、兵庫県が中心となり、当時既に飼育環境に移されていた個体による人工繁殖の試みなど、コウノトリを自然環境に再導入する野生復帰活動が進められた。特に、1985

年に当時のソ連から贈られた六羽のコウノトリの幼鳥から1989年につがいを作り、人工繁殖に初めて成功した個体が現れ、野生復帰活動の転機となった。この成功以降、人工繁殖が順調に進み、2002年には飼育下のコウノトリが100羽を超えるに至った。このことを契機に、関係機関の間でコウノトリの野外放鳥の機運が高まり、2005年に放鳥することが決定された。

ところが、コウノトリ絶滅の一要因が農薬であったことと、コウノトリの餌場を確保する必要があったことから、野外に放たれたコウノトリが生存し野生復帰を果たすためには、農薬を使用する農業からの脱却が必要であると、兵庫県豊岡農業改良普及センター（以下、普及センター）の当時の普及員は考えた。そこで、普及センターを中心としてコウノトリプロジェクトチームが結成され、農薬の使用量を減らし、かつ水田内の生物を育むような新たな栽培技術の確立が目指された。2005年にはコウノトリを放鳥することが決まっていたため、早急に対応する必要があったので、当時の普及員は複数の農業者に依頼して実証圃を設置し、データを収集することで技術確立を図ることにした。

表3は「育む農法」の栽培技術が確立されるまでの年表である。2002年から技術確立に向けた試験栽培が開始され、2005年には水稲の一連の栽培技術が「コウノトリ育む農法」と命名されてその定義と要件が定められた。表4は「育む農法」の技術確立あるいはコウノトリの餌場作りに協力した農業者を対象とした兵庫県と豊岡市による事業の概要である。この表に示すように、協力者に対しては委託料が支払われ、官（県と市）による財政的な支援のもと、民（農業者）が協力して技術開発を進める体制が整えられていた。

こうした体制の下で行われた技術確立に至る関係機関（関係者）、その中でもコウノトリが放鳥される2005年までに餌場となりうる水田を確保し、技術確立のために様々な工夫を凝らした普及員の取組みについて詳しく見ていこう。まず当時の普及員は、放鳥されたコウノトリがスムーズに野生復帰できるよう、放鳥予定

表３　「育む農法」が技術確立されるまでの年表

年	生産面	販売面	コウノトリ
1999			兵庫県立コウノトリの郷公園開園
2000			豊岡市立コウノトリ文化館開館
2002	減農薬無化学肥料栽培の試験開始		飼育下のコウノトリが100羽を超え、2005年にコウノトリを再導入することを決定
2003	コウノトリと共生する水田自然再生事業の開始（兵庫県と豊岡市） 無農薬無化学肥料栽培の試験開始	ＪＡたじまによる集荷・販売開始	
2004	減農薬タイプの栽培指針が完成	地元量販店による「生産費保証方式」での米の全量買取 インターネットで販売開始	
2005	無農薬タイプの栽培指針が完成 「コウノトリ育む農法」と命名し、定義と要件が定められる		コウノトリの放鳥
2006	「コウノトリ育むお米生産部会」が設立される（事務局ＪＡたじま）		

出所：ＪＡたじまと農業者の提供資料をもとに筆者作成。

表４　コウノトリと共生する水田自然再生事業の概要

タイプ		転作田ビオトープ型	冬期湛水・中干し延期稲作型
目的		転作田をビオトープとする技術の確立	生き物を育む稲作技術の確立
内容		年間を通して湛水状態に保つことにより生き物を育む	中干し延期、冬期湛水などの技術を導入し、生き物を育む
委託料	2003～2007年度	54,000円 /10a	40,000円 /10a
	2008～2010年度	27,000円 /10a	7,000円 /10a
共通要件		・同一水系でおおむね１ha 以上の団地化 ・３年以上の継続実施 ・作業・観察日誌の記載	左と同じ
個別要件		・無農薬で管理 ・原則として５cm 以上の水位維持 ・荒起こし１回、代掻き１回以上、畔草管理３回以上	・無農薬か減農薬による水稲作を実施（農薬使用量は慣行の半分以下） ・中干延期 ・冬期間、原則として５cm 以上の水位維持 ・畦草管理３回以上

出所：農業者の提供資料をもとに筆者作成。

地域周辺で技術の試験栽培をしてもらう必要があり、また、コウノトリの餌場となりうる水田の効率的な面的拡大には、集落営農にその任を担ってもらうのがよいと考えた。そのため、コウノトリの野生復帰拠点の近隣に存在する集落営農を中心に働きかけた。さらに、集落営農に加え、専業農家にも働きかけて試験栽培への協力を依頼した。つまり、当時の普及員は、主に兼業農家や定年帰農者から構成されコウノトリと関係の深い集落営農と、専業農家の両方に働きかけ、実証圃の設置を打診した。これに関して当時の普及員は、「どちらか一方（兼業農家または専業農家）だけで試験栽培し技術確立をすると、その後の普及活動において、あの技術は兼業農家（あるいは専業農家）だから導入できる」と、他の農業者が技術を導入しない言い訳の材料にされると考えたという。つまり、両者に試験栽培を持ちかけることで、いずれの農業者でも技術導入を図れるように栽培要件を定めようと考えたのである。また、今後さらに技術を普及するには、販路の確保が必要であると考え、普及員自ら販路を開拓しＪＡに販売先を紹介した。こうした努力により、２００４年から地元量販店が試験栽培による米の全量を「生産費保証方式」で購入することが決まった。

以上のように「育む農法」の技術確立の段階から、当時の普及員が農業者に協力を仰ぎ、栽培技術の試験的導入を図ってきた経緯がある。実際に協力したのは、集落営農３組織（集落営農Ａ、Ｂ、Ｃ）と生産者グループ（専業農家５名で構成）の合計４組織に属する農業者である。表５は集落営農３組織の概要、表６は各経営体が設置した実証圃の内容である。以下では、これらの集落営農の特徴を概観し、生産者グループに関しては次節で詳説する。

集落営農Ａは、２００２年に集落内の全戸が加入して設立され、定年帰農者が中心となり営農を続けてきた。集落内にコウノトリ野生復帰の拠点施設があり、その設置にあたり集落が農地と山を提供した。当時中心的に営農に携わっていた農業者が「この集落がコウノトリ野生復帰の拠点となるのだから、まずは自分たちの集落

表5　各集落営農の概要

	集落営農A	集落営農B	集落営農C
経営形態	任意組織	農事組合法人	農事組合法人
オペレータ数	*5*	*18*	*5（専従者）*
設立年（法人化年）	2001	2001（2007）	1988（1998）
作付面積	*水稲6.0ha*	水稲17.5ha、 大豆8ha、小麦6ha	水稲42ha、大豆16ha 小麦16ha、WCS4.2ha
うち「育む農法」作付面積 （減農薬、無農薬）	*4.9ha*	17.5ha	8.2ha
	（4.2、0.7）	（15.1、2.4）	（5.3、2.9）
減農薬栽培導入年	2002	2005	2004
無農薬栽培導入年	2003	2004	2014

出所：各経営体へのヒアリング調査結果をもとに筆者作成。
注1：斜字は2014年度のデータである。それ以外は2016年度のデータである。
　2：2005年以前は「育む農法」と命名されていなかったので、「減農薬栽培導入年」、「無農薬栽培導入年」と表記した。

表6　各経営体の実証圃の内容

	集落営農A	集落営農B	集落営農C	生産者グループ
実証圃	冬期湛水 米糠除草 ＥＭ糖蜜除草 不耕起栽培	早期湛水 米糠除草 機械除草	機械除草	早期湛水 ＥＭ糖蜜除草 機械除草

出所：農業者の提供資料をもとに筆者作成。

で技術確立に取り組まなければならないと思った」と話すように、コウノトリ野生復帰のお膝元であることから、率先して「育む農法」の技術確立に協力した。

集落営農Ｂは、高齢化や後継者不足により農地の維持管理が難しくなったことを受けて２００２年に設立され、定年帰農者が中心となり営農を続けてきた。この集落には野生下のコウノトリが絶滅する以前に営巣地があり、日常的にコウノトリを観察することができたという。集落営農Ａと同様に、コウノトリ野生復帰の拠点施設の設置のため集落内の山の一部を提供した経緯もあって、当時の農業者が「集落がコウノトリと深い関係にあるので、そこで始めなければ誰がするんだ、という思いがあった」と話すように、「育む農法」の技術確立に意欲的に協力したことがうかがえる。

第Ⅱ部

集落営農Cは、大区画圃場整備を契機として、1987年に集落内の全戸が加入して一集落一農場方式によって設立された。その後の経営規模拡大にともない、経営の合理化、専従者の身分の安定を図るため、1998年に法人化した。市内では初の農業法人であり、県内では初の一集落一農場方式の集落営農となった。法人化以前の1993年から、牛糞堆肥を使用し、農薬は85パーセント減、化学肥料は不使用という栽培方法で生産した独自ブランド米を販売していた。すでに減農薬栽培を導入していた経験があるので、「育む農法」の減農薬減化学肥料による試験栽培に関しては、水管理を追加で行い指定資材に変更するのみで対応できた。このことに関して、組合長（2014年当時）は「（似た農法の経験があったことから）「育む農法」を試験栽培することに対してほとんど抵抗感はなかった」と話している。

4　先行導入者が技術普及に果たした役割

技術確立に協力した集落営農に加えて、普及員からの働きかけに応えて協力し、先行導入者の中でも特に技術普及に大きな影響を及ぼしたのは生産者グループの一員である専業農家D氏であると目される。本節では、この先行導入者としてのD氏が技術普及に果たした役割について具体的に見ていく。

D氏はコウノトリ育むお米生産部会（以下、生産部会）の発足時（2006年）に副支部長、2016年度からは支部長を務めており地域におけるリーダー的な存在である。表7はD氏の就農以降の営農の年表である。2016年度は水稲9・9ヘクタール、大豆0・9ヘクタールを作付けした。水稲作付面積9・9ヘクタールのうち9・7ヘクタールで「育む農法」を導入し、そのうち無農薬タイプが8・0ヘクタール、減農薬タイプが1・7ヘクタールと、前者の栽培面積が圧倒的に大

表７　専業農家Ｄ氏の年表

年	内容
1993	前職を辞め、就農して専業農家になる（36歳）。
1995頃	色彩選別機を導入して、消費者への直接販売を開始する。
2001	稲作研究会で有機栽培について勉強しようという呼びかけがあった。
2002	発酵鶏糞を使って減農薬栽培を開始。
2003	エコファーマーの申請をし、５名で生産者グループを立ち上げる。
2005	無農薬栽培を開始。
2006	「コウノトリ育むお米生産部会」が設立され、北部支部の副支部長に着任する。
2007	農地・水・環境保全協議会を設立し代表となる。
2008	集落内で生産者グループを設立し代表となる。 コウノトリ育む農法アドバイザーとなる。
2016	北部支部の支部長に着任する。

出所：Ｄ氏へのヒアリング調査結果をもとに筆者作成。

きい。

Ｄ氏は１９９３年に勤務していた会社を辞め、専業農家として就農したが、米価が下がっていく状況を受け、地域内の他の専業農家3名と今後の農業経営のあり方や経営方針を模索していた。そのような中、２００１年に仲間の一人が地域の稲作研究会で有機栽培について勉強することを提案したが賛同者が得られなかったため、Ｄ氏を含む4名と新規就農したばかりの専業農家1名の5名で、２００２年から有機栽培に試験的に取り組むことになった。この5名でエコファーマーの申請をし、翌年生産者グループを立ち上げることとなる。

この生産者グループでは、水田の管理は個々の農業者に委ねられる一方、仲間で役割分担をして実証圃を設置し、生育調査、病害虫調査、有機培土の試験、不耕起栽培の実証試験など、「育む農法」の技術確立に向け様々なことに取り組んだ。

Ｄ氏は、２００２年から発酵鶏糞を用いて減農薬栽培に取り組んだ経験があったが、当時はコウノトリのための無農薬栽培に対して疑問を抱いていた。無農薬栽培を導入して抑草に失敗し、水田を雑草だらけにしてしまうと地主に申し訳ないと考えていたからである。そのため、生産者グループの5名のうち3名が２００３年から無農薬栽培を開始したが、D氏はこの時点では取り組まなかった。しかし、２００５年に生産者グループの仲間から「これだけの水稲面積（当時の作付面積は約10ヘクタール）があるのだから、一枚だけ雑草で草まみれになったとしても元々なかったと思ったら良いじゃないか」と言われ、「なるほどそうだな」と思ったという。さらに、技術確立を進めていた当時の普及員が、子連れで無農薬栽培の実証田で手取り除草をしていると聞き、「これはほっておけない。そこまでやられたら何とかしたい」と思ったという。このような経緯があって、D氏も２００５年に無農薬の試験栽培を開始したが、当初の懸念にもかかわらず、結果としてほとんど雑草が生えなかったという。D氏に先立って無農薬栽培の試験をしていた仲間の水田は、毎年雑草まみれになっていたので、D氏が初めて無農薬栽培に成功したことになる。D氏は以前から無農薬や減農薬での栽培方法を独自に勉強しており、抑草を始めとした栽培技術に詳しく、また技術水準も高かったため、これをきっかけとして「育む農法」の技術確立に中心的に関わることとなる。

図2は、D氏の「育む農法」の栽培面積推移を表している。２０１４年度以降は「育む農法」全体の面積が約10ヘクタールで推移しているが、徐々に減農薬タイプから無農薬タイプに切り替わっており、２０１６年度では無農薬タイプの比率がかなり大きくなっていることが読み取れる。技術確立の当初は、無農薬タイプのみを「育む農法」とする予定だったが、それでは面的拡大が難しいという懸念が他の農業者から出たため、減農薬タイプも認めることとなった経緯がある。しかしD氏は、無農薬タイプこそ普及しなければならないと考えており、自身の経営ではいずれは完全に無農薬タイプに切り替えることを目標としている。

このような経緯を経てD氏は「育む農法」の技術確立に寄与し、さらに先行導入者として栽培技術や栽培方法に関する情報を発信することで、技術普及に貢献した。以下では、技術普及過程における情報発信の重要性

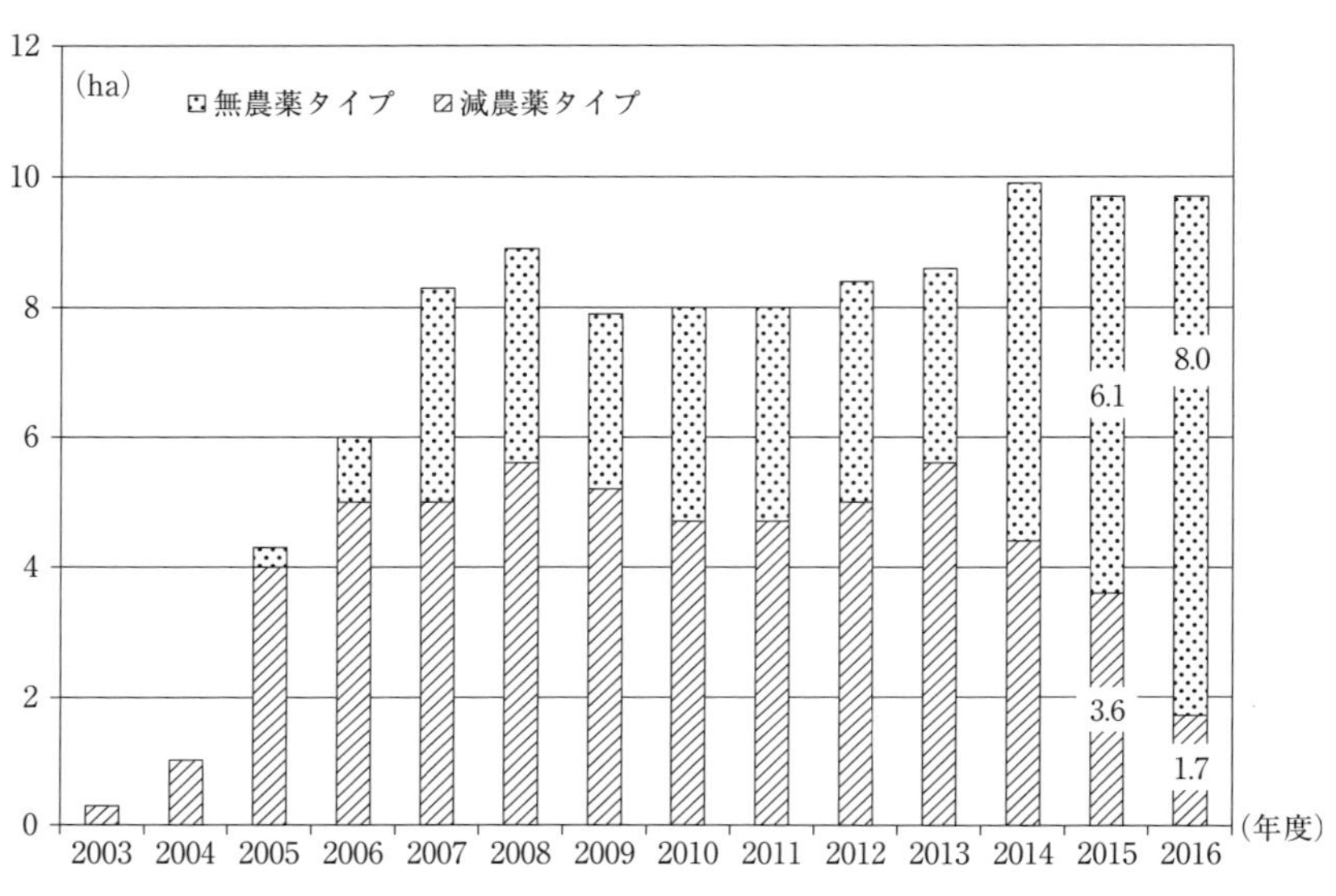

図2　D氏の「育む農法」の導入面積の推移
出所：D氏へのヒアリング調査結果をもとに筆者作成。

に注目しつつ、D氏がそこで果たした役割を紹介する。

（1）集落内での普及

まず、D氏は自身の集落内での「育む農法」の普及に貢献した。生産部会が設立された2006年の時点では、D氏の集落内で「育む農法」に取り組んでいたのは、他に1名だけであった。ところが農作業をしていたある日、集落内の小学生に「おっちゃんが無農薬でお米を作っても隣で農薬をふっていたら意味がない」と言われ、集落単位で「育む農法」に取り組むことの重要性を認識した。そこで、集落内の他の農業者にも「育む農法」の必要性を説明し取り入れるよう説得した。そうした働きかけの結果、2008年に集落内の9名が集まって生産者グループを立ち上げ、「育む農法」を実践することとなる。2003年に立ち上げた生産者グループと同様に、各水田の管理は個々の農業者に任される一方、D氏は集落内の生産者グループの代表となり、必要に応じて技術指導などを担当した。その後、「育む農法」の導入面積は順調に拡大していった。特にD氏が2005年に30アールから開始した無農薬栽培は、2011年には集落内で約10ヘクタールまで拡大し、集落内の水稲面積の半分以上を占めるまでになった。

(2) 技術水準の向上

D氏は、2005年に無農薬で試験栽培した際に、抑草に初めて成功したことからもわかるように、栽培技術の水準が非常に高い。特に抑草に関しては毎年新たな方法で試験をするなど、継続的に栽培技術の向上を図っており、高度な抑草技術を教えてほしいと県外から講演なども依頼されてきた。ところが地元では技術について紹介する機会がなく、このままでは地元の農業者が技術力で負けてしまうのではないかと思い、地元でも積極的に情報を提供しようと考えるようになったという。

そのため、部会員の技術水準の向上目指し、生産部会が開催する栽培研修会の場で、D氏は自身の栽培方法に関して報告するとともに情報を提供し、その結果「育む農法」の面的拡大に非常に重要な役割を果たすことになった。現在も生産部会は、「育む農法」を導入した農業者や導入予定者を対象に、冬期湛水、早期湛水、中干延期や生き物調査などのやり方を中心とした栽培研修会を年間を通じて実施している。

こうした組織を通じた働きかけにくわえて、D氏は農業者からの個別の問い合わせにも応じている。筆者が行った「育む農法」導入者への聞き取り調査では、「育む農法」に関する情報源として、D氏を挙げた者が多数いた。実際にこれらの農業者は抑草に成功している場合が多く、D氏が個々の農業者からの問い合わせに対して適切な助言を与え、抑草技術の向上に貢献していることがわかる。

5 効率的な技術普及に向けて

本章では、栽培技術の先行導入者を先進的農業経営体と位置付け、地域内での技術普及に関してどのような役割を果たしたのかを紹介した。本章で対象とした先行導入者は、栽培技術に関する情報発信者として、技術普及に貢献したことが確認できた。この農業者は栽培方法、特に無農薬栽培に関して長年研究しており、毎年新しい抑草方法を試すなど技術水準の向上を図っている。つまり、普及しようとする栽培技術に関する技術水準が高い農業者がリーダーシップを発揮し、積極的に情報発信することは、技術普及に大いに貢献すると考えられる。そのため、技術の普及主体が、技術を効率的に普及するためには、このような農業者にまず働きかけて新技術の導入を促し、さらに栽培技術に関する情報を発信できるような機会（場）を用意することが有効であると考えられる。

［付記］本章は、Uenishi, Y. and Sakamoto, K.［2017］Creating Farming Practices for Social Innovation: The Case of Kohnotori-hagukumu Nouhou, *The Natural Resource Economics Review, Special Issue*（pp.15-24）で得た知見に加え、新たな調査結果を踏まえて大幅に加筆・修正したものである。

［謝辞］本章は、「平成27年度豊岡市コウノトリ野生復帰学術研究補助制度」（研究代表者：上西良廣、課題名：新技術確立までの過程と導入者の特徴に関する研究――コウノトリ育む農法を事例として）の支援による研究成果の一部である。この場をお借りし、感謝の意を記す。

注

（1）本書の前シリーズ「農業経営の未来戦略」に収録している「コウノトリ育む農法」を対象とした［上西２０１５］があるが、これは「育む農法」を導入した農業者の導入動機など導入意思決定に注目したものであった。
（2）豊岡農業改良普及センターの「育む農法」に関するパンフレットより引用。
（3）「育むお米」は、近年注目されている「生きものブランド米」の一例である。環境省［２００６］によると「生きものブランド米」とは、水生生物や地域に固有な生物と関連付けて生産された米のことである。田中［２０１５］によると、２０１０年の時点で全国に「生きものブランド米」は39事例存在する。
（4）水田の表層数センチメートルのところにできる細かい泥の層。

参考文献

［1］稲本志良（２００５）「農業普及序説」日本農業普及学会著『農業普及事典』全国農業改良普及支援協会、３〜18頁。

［2］上西良廣（２０１５）「新たな農法による産地形成の実態――兵庫県豊岡市の「コウノトリ育む農法」を事例として」小田滋晃・坂本清彦・川崎訓昭編著『進化する「農企業」――産地のみらいを創る』昭和堂、２０９〜２３５頁。

［3］環境省（２００６）『第3回生物多様性国家戦略懇談会資料』。

［4］菊地直樹（２００６）『蘇るコウノトリ――野生復帰から地域再生へ』東京大学出版会。

［5］田中淳志（２０１５）「農業生産における生物多様性保全の取組と生きものブランド農産物」矢部光保・林岳『生物多様性のブランド化戦略』筑波書房、15〜43頁。

［6］兵庫県立コウノトリの郷公園（２０１１）『コウノトリ野生復帰グランドデザイン』。

［7］藤栄剛・井上憲一・岸田芳朗（２０１０）「農法普及における近隣外部性の役割――合鴨稲作を事例として」『地域学研究』第40巻第2号：３９７〜４１２頁。

［8］松本浩一・山本淳子・関野幸二（２００５）「新技術の導入過程における先駆的導入者の情報収集行動――水稲ロングマット水耕苗の育苗・移植技術を対象にして」『農業普及研究』第10巻第1号：64〜76頁。

[9] Rogers, E. M. [2003] *Diffusion of Innovations*, 5th ed.（三藤利雄訳『イノベーションの普及』翔泳社、２００７年）

第7章　法人化を通じた農業経営の第三者継承と地域

長谷　祐
坂本清彦

1　注目を集める農業経営の第三者継承

農業従事者の減少や高齢化、後継者の不足が進行する中で、後継者不在の家族経営農業を家族員ではない新規就農者が継承する「第三者継承」が注目されている。農林水産省も２００８年より全国農業会議所を通じて、第三者継承を推進する「経営継承事業」を展開しており、各地で第三者継承事業が取り組まれている。同事業では、事前研修を通じたマッチング、最長2年間の技術・経営継承実践研修、5年以内の経営継承に向けた「経営継承合意書」の作成・締結が行われ、移譲希望者は研修に要する費用の一部補助や行政、農協などからの支援を受けることができる。

一方で、このような支援策はあるものの、第三者継承は必ずしも容易ではない。同事業の２０１５年までの実績を見ると、約半数の事例で継承が失敗している。[1] 失敗理由について、農林水産省や全国農業会議所では、移譲希望者と継承希望者の間で信頼関係を十分に構築できなかったためとしている。

本章ではスムーズな継承に向けた取組みとして「継承法人を設立して法人代表の交代という形で継承する方式」に着目し、この方式での新規就農者による経営継承の特徴を明らかにしていく。これは「経営継承事業」で想定された第三者継承の方式の一つであり[(2)]、設立された法人で移譲者の経営資源を利用することにより、継承者の投資額を抑えることが期待されている。

2　法人化による第三者継承を「費用」から考える

農業における第三者継承の特徴について、柳村ら［2012］や山本ら［2012］は、独立就農と比較して継承者が農地や農業機械などの「有形」資源をより多く取得できることや、農業技術や販路などの「無形」資源についてもその獲得費用を節減できるとしている。一方で、既存の農業経営を引き継ぐためには継承者により高い経営能力の習得が求められ、継承時に有形資源を買い取る必要があるなど、追加的なコストが発生することも指摘されている。ところで、これらの研究は、家族経営の持つ経営資源を新しい家族経営に移譲する方式を対象にしており、本章が対象とする継承法人を設立しての第三者継承については検証されていない。

継承法人設立による第三者継承については、全国農業会議所［2014］が、移譲者と継承者が共に作業することで農業技術をより効率的に学べることや信頼関係の形成につながること、継承は法人の代表の交代によって行われるので、追加的な金銭コストが不要になることなどをその利点として挙げている。こうした知見を踏まえて、本章では、継承法人設立による第三者継承の特徴について、有形・無形の経営資源の獲得費用という観点から山本・梅本［2012］を手がかりにして検討していく。

なお、ここでいう「費用」は農地、農業機械・施設などの取得にかかる金銭的なものや有形のものだけでない。地域社会や関係者への認知、受容、販売チャンネルの確保、生産から販売まで農業経営に必要な知識やスキルなど、社会的・制度的・心理的な障壁を克服するための時間や労力といった非金銭的で無形な費用をも含む［稲本 1992、山本・梅本 2012］。山本・梅本［2012］によると、有形資源を獲得するための費用は、「就農当初に必要な初期費用」と「就農あるいは継承以降に必要となる追加費用」の大きく二つに分類でき、[3] 無形資源の獲得に必要な費用としては「生産技術の習得」「財務管理知識」「販売チャンネルと関係者への信頼確保」などが挙げられる。以下の福井県若狭町の2つの農業経営体の継承事例分析では、有形、無形資源それぞれの獲得に必要な費用を整理し、法人化と法人化を伴わない第三者継承過程を比較分析する。

(1) 福井県若狭町における2つの経営継承事例

事例となる2つの農業経営体では既に継承を完了して、継承者が稲作を中心に経営を続けている。これら2事例の継承過程には、町（若狭町に合併する前の上中町）が中心になって設立された農業研修施設「かみなか農楽舎（のうがくしゃ）」が、先代の経営者と承継者の仲介に関与している。2人の継承者は就農前に農業の経験がなく、かみなか農楽舎で新規就農に向けた研修を受けた経緯がある。本章での分析は、2人の継承者を含め継承過程に関わった関係者への聞き取り調査に主に拠っている。聞き取りとその結果の分析においては、新規就農者である2人の継承者が、有形資源と無形資源のそれぞれをどのように獲得したかに焦点を当てている。

なお、これらの事例を選択したのは以下の理由がある。非家族員である第三者が稲作を継承することは、土地の確保や用水等の共同管理作業など、古くからの家族経営が主流をなす農村社会に受容、信頼されるといった参入障壁が高い。したがって、法人化を通じた第三者継承過程の困難性や有効性がより明確に浮き彫りになるとともに、日本農業の太宗を占める稲作経営の多くの地域での農業経営継承に多くの示唆を与えると期待できるためである。

かみなか農楽舎について

継承法人設立による第三者継承事例として、水稲作経営での福井県若狭町の合同会社[4]を扱う。稲作地域である福井県若狭町では、進行する農業従事者の減少・高齢化といった問題に対応するため、農業生産法人「かみなか農楽舎」（以下、農楽舎）を設立した。農楽舎では、都市部出身の若者に研修を行い、卒業後に同町内への新規就農を推進している（表1）。農楽舎での研修は水稲作が主体であり、カリキュラムの中に地域農家での実地研修や地域集落との交流が含まれているという特徴がある。

農楽舎での研修期間は2年であり、1年目には水稲を中心に農業の基本的な研修を実施し、2年目には一定の農地で研修生は作付計画から販売までを自身で実践する。2年目の後半には、研修生は卒業後の就農地の選定、農地や住居の確保にも時間をさく。この時、行政と農楽舎社員が関与して、研修生と地域を仲介する「親方」と呼ばれる地元農家とのマッチングが行われる。就農を円滑に進めるため、仲介役の「親方」は研修生との相性を重視して選定され、就農地となる集落も研修生の意向を尊重して選定される。

農楽舎の研修生が若狭町内で就農する際には、独立就農か第三者継承かを選択する。第三者継承を選択した場合、研修を修了した卒業生は、マッチングされた地元農家である親方の下で就農する。親方は、後継者のいない大規模な認定農業者で、将来的に農楽舎卒業生である新規就農者に経営を移譲することを前提としている。

本章では、こうして農楽舎を卒業した新規就農者に経営を継承した山心（さんしん）ファームと神谷（かみや）農園の2つの事例を

表1　かみなか農楽舎の研修プログラム

属性		研修生		新規就農者
		1年目	2年目	
支援内容	農地	―	水田 2ha 畑地 20a	3ha の水田
	技術研修	水稲作中心	作付から販売まで	研修先農家での研修
	収入	5万円 / 月	7万円 / 月	150万円 / 年×5年 （農業次世代人材投資事業）
	住居	農楽舎で生活		住居確保の支援 家賃の半額補助
	地域との関係	地域の祭りへの参加 地元農家での研修		研修先農家による支援

出所：筆者（長谷）の聞き取り調査による。

とりあげて、法人化による第三者継承の利点や課題を明らかにする。

（2）事例1：山心ファーム

山心ファームは大規模農家H氏と農楽舎卒業生のA氏によって２００６年7月に設立された。業務内容は水稲の生産と販売、作業受託、転作請負である。２０１７年現在、集落の農地の大部分を山心ファームが引き受けており、地域農業の担い手として期待されている。

新規就農を目指して農楽舎に入ったA氏はもともと独立就農を目指しており、農楽舎での研修中に当時の農楽舎代表から地元農家のH氏を紹介された。A氏はH氏に地域社会との仲介をしてもらいながら個人で独立就農し、その後順次H氏の経営を譲り受ける予定であった。しかし、農楽舎卒業を控えた２００６年1月に、福井県の普及センターから経営継承に向けてA氏とH氏で合同会社を設立することを提案され、同年7月に山心ファームが誕生した。

合同会社の設立は、比較的容易とはいえ、農地や農業機械の手配、出資などの手続きは必要である。A氏とH氏は借り入れていた農地をいったん地主に返却し、再度会社に貸し出してもらう形で集約した。農業機械はH氏所有のものを会社にリースで貸し出す形でA氏が使用できるようにした。合同会社設立時の出資金は総額３００万円で、Ｈ氏が１５０万円、Ａ氏が50万円をそれぞれ出資したほか、Ｈ氏の親族４名も出資した。この４名は山心ファームの業務執行社員（１名）と社員（３名）となっている。継承者であることをアピールするために、筆頭出資者のＨ氏に次ぐ額をＡ氏が出資した。なお、３００万円という出資金額は、現在は制度的には消滅した有限会社の最低資本金額を参考にしている。

法人の設立後、Ｈ氏とＡ氏は実質的な経営継承に向けたさまざまな工夫をしている。法人として経営を始めた当初、Ｈ氏が作付計画を立て、それに従ってＨ氏とＡ氏で共同で作業していた。その後、Ｈ氏がＡ氏に一部の圃場の管理を単独で任せながら、徐々に技術を教えていくと、次第にＡ氏も作業の流れを理解するようになり、作付計画も両者の話し合いで決めるようになった。Ａ氏が経営、特に財務の実情を把握できるよう、農楽舎の研修で簿記を学んだ経験のあるＡ氏が設立当初から経理を担当した。Ｈ氏は地域の集まりや販売先への挨拶にＡ氏を積極的に参加させ、Ａ氏を「自身の後継者」として周囲に認識させるよう努めた。こうした取り組みの結果、Ａ氏が山心ファームの経営を担えるとの判断に至った。法人設立６年目の２０１２年7月に、Ａ氏が代表、Ｈ氏が社員、Ｈ氏の息子と娘が業務執行役員となった。なお、Ｈ氏は山心ファームの他に乾燥センターも経営しており、その事業はＨ氏の息子が継承している。

合同会社設立から山心ファームは地域農業の担い手として期待され、多くの農地が集まり、経営規模を30ヘクタールにまで拡大させた。２０１７年現在、Ａ氏が経営を主導する一方、Ｈ氏は主に集落メンバーとの対外交渉を引き受けている。

（3）事例2：神谷農園

神谷農園は地域の農家I氏を代表社員、農楽舎卒業生のB氏を業務執行社員として2007年4月に設立された。業務内容は水稲の生産と販売、作業受託である。

新規就農者であるB氏は小学校の時から農業に興味を持ち、農楽舎の創立メンバーの中にB氏の母親の知人がいたことから農楽舎を知り入舎した。研修2年目に農楽舎の代表を通じて紹介されたI氏の圃場に手伝いに通い始めた。その後、正式にI氏の下での就農の話があり、農楽舎の卒業と同時にI氏と合同会社神谷農園を設立した。

実はI氏には以前、別の農楽舎卒業生を後継者として受け入れて失敗した経験があった。その時は卒業生に2ヘクタールの農地を斡旋して独立就農させ、I氏の手伝いをさせながら、経営を順次引き継がせる計画だった。しかし、I氏の経営を手伝うに当たり、労働時間や賃金などの取り決めが不十分であったこともあり、この卒業生は生活資金確保のため副業でアルバイトをせざるを得なかった。また、卒業生の希望作目とI氏の経営作目が完全に一致していなかったこともあり、I氏は卒業生に別の集落の農家を紹介して、その集落で就農させ直したことがあった。この失敗経験があるなか、I氏は前述の山心ファームの話を耳にし、また県の普及センターからの提案も受けて、合同会社を設立して第三者であるB氏に経営を継承する道を選択した。

山心ファームの場合と同様、農地や農業機械などの有形資源は、貸借などで工夫して確保している。農地は、I氏の所有農地2ヘクタールと借地7ヘクタールを、神谷農園が法人として借りて耕作するものである。なお、神谷農園の設立以前、I氏は年齢のこともあって経営規模の拡大を控えていたが、合同会社設立後には再び経営拡大を図り、現在の経営面積は14ヘクタールにまで増加した。農業機械や施設もI氏所有のものを会社がリースしている。出資金は総額200万円で、I氏が100万円、B氏が50万円、I氏の親族3名（いずれも社員となる）が残りを出資している。農地や施設、機械をI氏から法人として借りる形で利用できるので、B氏は就農に際してそれら資機材購入のための資金を調達する必要はなかった。生活資金も、神谷農園からの給与と新規就農経営安定奨励金[5]でまかなうことができた。

神谷農園の経営は、元々水稲作農家であったI氏の経営を引き継ぎ、水稲作を中心としているが、B氏の希望も取り入れて野菜も栽培している。法人設立当初は、作付計画や作業スケジュールをI氏が策定していたが、2年目からはB氏も話し合いに参加するようになった。その後、次第にB氏が作付計画等を考え、I氏のアドバイスを踏まえて策定するようになっていったが、農作業は二人が共同で行っている。山心ファームと同様、神谷農園でも経理は研修経験のあるB氏が設立当初から担当している。さらにB氏は、地域の研修会や県の普及員との相談、若狭町の若手農家の会合などを利用して、営農技術やマーケティングなど情報は自ら集めている。

このように継承者のB氏が徐々に実質的な経営を引き継いでいった。設立3年目の2009年4月に、I氏は高齢を理由にB氏へ神谷農園の法人代表の役職を引き継がせている。しかし、その後もI氏は業務執行社員として経営に残ってB氏への指導を続けるとともに、育苗管理や機械修理を引き受けてきた。B氏もI氏の指導が必要不可欠と考え、法人代表となった後もI氏から技術を学び、自分で栽培の全工程を任せてもらえるように励み、経営継承を果した。

3 法人化による第三者継承の「費用」

右記の事例分析は、法人化による第三者継承に関する以下のようなメリットを示している。1点目は、形式的な継承過程が法人代表者の変更のみで可能と容易で、株式の取得など継承者にとって付加的な財政負担が不要なことである。2点目は、新規就農者である継承希望者は法人に勤務して農業に携わることとなり、当該の農業経営に固有の事情やその経営管理をより身近に習得できることである。3点目は、移譲を希望する経営者が、必要に応じて法人に残りメンターとして継承者に生産や経営上の助言、地域社会への定住などに関する助言を継続的に与えられることである。

右記1点目の形式上または法律上の継承の容易さは、結果的に有形資産の獲得費用の低減に結びつく。また、2点目及び3点目に記した経営スキル習得や定住を容易にする助言は、移譲希望者と継承希望者が法人において営農の経験と時間を共有することで、徐々に実質的な経営活動を引き継ぐことによって可能となる（表2）。こうした仕組みにより、継承となる新規就農者が負担する無形資源獲得にかかる費用を実質的に大きく低減させることができる。こうした費用の低減効果は、山本・梅本［2012］に依拠して法人化と法人化を伴わない第三者継承の利点を比較整理した表3に示すように、様々な側面にわたっている。

他方、多くの利点とともに、法人化による第三者継承には課題もある。最大の課題は、経営の移譲希望者と継承希望者との間のマッチングである。経営継承に当たっては、移譲者と継承者との間で、作目の選択、生産計画、労働環境といった幅広い条件についてしっかりとした合意が必要となる。ゆえにこうした条件の合意を

表2　両事例における職責の割り当ての推移

山心ファーム

職責	1年目	2年目	3年目	4年目	5年目	6年目	7年目
代表	H氏 →	→	→	→	→	→	A氏 →
作付計画	H氏	H氏・A氏 →	→	→	A氏・H氏 →	→	→
経営計画	H氏	H氏・A氏 →	→	→	A氏・H氏 →	→	→
農作業	H氏・A氏 →	→	→	→	A氏・H氏 →	→	→
経理	A氏 →	→	→	→	→	→	→

神谷農園

職責	1年目	2年目	3年目	4年目	5年目	6年目	7年目
代表	I氏 →	→	B氏 →	→	→	→	→
作付計画	I氏	I氏・B氏	B氏・I氏 →	→	→	→	→
経営計画	I氏	I氏・B氏	B氏・I氏 →	→	→	→	→
農作業	I氏・B氏 →	→	→	→	B氏・I氏 →	→	→
経理	B氏 →	→	→	→	→	→	→

注：1つのセルに2人の名前がある場合は、前者が責任者であることを示す。
出所：筆者（長谷）の聞き取り調査による。

念頭において、移譲者、継承者以外の関係者（地方自治体や農協の職員等）が、両者の背景や意図を慎重に聞き取りマッチングする仲介者としての役割を果たすことが極めて重要となる。

その意味で、農楽舎は2事例の継承過程において決定的な役割を果たしたといえるだろう。農楽舎の卒業生でもある社員が、自らの経験を踏まえて効果的で時宜を得た助言を、親方を求める新規就農者に与えている。社員は若狭町に長く居住し、町役場職員や主導的な農業者ら地元関係者との信頼関係を築いており、農地の貸し借りなどセンシティブな案件も含めて関係者に調整を依頼できる。このように農楽舎の社員が、地域社会との仲介や連絡といった役割を果たすことによって、新規就農者と移譲者との間の円滑なマッチングが可能となっている。

表３　法人化を伴う場合及び伴わない場合の第三者継承ならびに新規参入による就農の経営資源獲得にかかる費用の比較

継承者が負担する費用*1		法人化を伴う第三者継承の場合*2	法人化を伴わない第三者継承の場合*3	新規参入で就農する場合*4
主要な特徴	1. 就農時の経営面積	移譲者から引継ぎ、比較的大きい	移譲者から引継ぎ、比較的大きい	当初資金の不足等から小さめ
	2. 独立就農に必要な時間*5	有形、無形資源取得にかかる費用が小さく比較的短期	状況によって異なる	相当な時間がかかる可能性あり
	3. 就農時に必要な技術レベル	移譲者からある程度の時間をかけて学べるので、就農時は基本的な知識のみで足りる	比較的大規模な経営を引き継ぎ自ら運営するため、高い生産、経営スキルが必要	就農当初の状況により異なる
有形資源獲得費用	4. 就農時の初期費用	法人が備える農地や資機材を利用でいるので、継承者の初期費用は小さい	移譲者から購入する必要があり継承者の費用負担は大きい	新規参入者自ら購入する必要があり費用負担は大きい
	5. 就農後に必要な追加費用	移譲者から農地や資機材など経営資源を引き継ぐので、費用は全くかからないか非常に小さい	移譲者から農地や資機材など経営資源を引き継ぐので、費用は全くかからないか非常に小さい	就農後に経営規模拡大を望む場合は費用が大きくなる
無形資源獲得費用	6. 生産技術習得にかかる費用	移譲者と長期間働きながら直接習得できるので費用は小さい	移譲者と働きながら直接習得できるので比較的費用は小さいが、習得期間は短くなる	多くの場合新規参入者が自ら学ぶため費用は大きい
	7. 財政運営に関する知識習得にかかる費用	法人の会計と農家の生計が分離しており、財政管理は比較的簡易で費用は小さい	移譲者から直接学べるので費用は比較的小さいが、法人会計と農家生計が未分離であると財政状況の把握が複雑になり費用が増える	多くの場合新規参入者が自ら学ぶため費用は大きい
	8. 販売経路や関係者の信頼の確保にかかる費用	継承者が移譲者の築いた資源を利用できるので、費用は小さい	継承者が移譲者の築いた資源を利用できるので、費用は小さい	多くの場合新規参入者が自ら確立する必要があり費用は大きい

注１：１から８の費用の分類は山本・梅本［2012］による。
２：「法人化を伴う第三者継承の場合」のデータは、筆者（長谷）の聞き取りによる。
３：「法人化を伴わない第三者継承の場合」のデータは、筆者（長谷）による２番目の「独立就農に必要な時間」を除き、山本・梅本［2012］による。
４：「新規参入で就農する場合」のデータは、山本・梅本［2012］が参照する文献による。
５：継承者あるいは新規参入者が、農業外の収入に頼らず自ら農業だけで生計をたてていけるようになるまでの時間を意味する。
出所：山本・梅本［2012］および筆者（長谷）の聞き取りによる。

4　法人化による第三者継承の利点と課題

本章は、法人化を介して農業経営を家族構成員以外の第三者に継承することに伴う利点を、有形及び無形の経営諸資源の獲得にかかる費用という観点から分析した。その結果、法人化による農業経営の第三者継承には、形式的・法的な継承過程の容易さという明白な利点があることが明らかになった。なかでも、農業経営の継承を前提に設立された法人は移譲者から継承者に有形資源や経営管理権を円滑に引き継ぐというメリットをもたらしうることは特筆に価しよう。また、設立した法人で、移譲者と継承者が相当期間共に営農に携わることで、後者が無形資源を比較的容易に獲得できるという利点も指摘できる。これらの無形資源には、生産技術や経営スキル、販売チャンネルへのアクセス、地域社会における信用や信頼が含まれる。特に、最後に挙げた地域における信用や信頼は、よそ者としての新規就農者が日本の農村で受容され生活していく上で、非市場的、非金銭的な、いわば社会的な資源として極めて重要な意義を持つと考えられる。

他方で、法人化を経ることなく第三者に農業経営を継承する場合には、このようなメリットはほとんど期待できない。すなわち、移譲者と継承者の一時的な共通の受け皿としての法人が介在することで、新規就農者が自ら農業経営を立ち上げる場合に比べ、有形、無形の経営資源を獲得するコストを著しく削減できる。ゆえに、法人化を通じた第三者継承を促進することは、後継者不足問題に苦しむ日本農業の担い手確保に資する有効で有望な政策手段として期待できよう。

特に、2事例の分析からは、今後の政策立案や展開に特に有意義な示唆を得ることができた。1点目は、政府など公的機関による資金面での補助が、新規就農者及び継承希望者の農業技術や経営スキル獲得といった課題を克服する上で、大きな力となりうることである。2点目は、実際に農業を始めるのに先立ち、新規就農者が先代の移譲者と共に営農に携わることの重要性である。本章で紹介した事例では、農楽舎による仲介が、移譲者と継承希望者の協働を可能とし、後者が基本的な農業技術を習得するための有効な支援となっていた事実を指摘したい。3点目は、メンターや地域社会との仲介・連絡役となる「親方」のような存在が不可欠ということである。

また、これらの示唆は、今後行うべき研究の方向性をも示している。まず、農業経験のない新規就農者や継承希望者が農業生産や経営の基礎知識を学ぶための公的機関などによる支援の意義について、さらなる検証が求められよう。また、農業経営の移譲者と継承希望者の関係悪化が第三者継承の失敗につながることからも、外部からの支援策の中でマッチメーキングは特に重要性が高いと考えられ、そのあり方に関する研究は重要度が高い。さらに、農業経営の継承のために設立される法人の法的、組織的形態についても研究の余地がある。本章で検証した2つの事例の継承に際して設立された農業法人は、「合同会社」であったが、株式会社など異なる組織形態や意思決定機構を持つ法人による継承過程についても検証する必要があろう。

法人化による農業経営の第三者継承は、後継者のいない農業経営移譲希望者及び新規就農の希望者、双方にとって有望な手法であるが、既に示したように課題も存在し、実際にこの手法で第三者継承がなされた事例は極めて少ない。そうした事例を丁寧に分析し、地方自治体をはじめとする外部者による有効な支援策を明らかにしていくことで、この新しい農業経営継承手法の可能性をさらに広げることができよう。

［付記］本章は、Nagatani, T. and K. Sakamoto［2017］"Succession of Farming to Entrant Farmers Through Establishing Agricultural Corporations Involving Their Predecessors", *The Natural Resource Economics*, Special Issue, 53-66. を元に、新たな知見を加えて加筆、修正したものである。

注

（1）２０１５年までに１０８組の移譲希望者と継承希望者が実践研修を実施し、48組が合意書を締結して経営を継承する一方で、48組は研修を中止している（12組は研修継続中）。

（2）同事業では、第三者継承の方式として①実践研修修了直後に経営を継承する方式、②実践研修修了後に一定期間共同で経営を行ってから継承する方式、③継承法人を設立して法人代表の交代という形で継承する方式、の３つの方式が挙げられている。

（3）山本・梅本［２０１２］では、有形資源の獲得費用として、これら2つに加えての「その他の費用」を挙げている。しかし、本章では「その他の費用」は「就農あるいは継承以降に必要となる追加費用」と見なしうると判断し、有形資源の獲得費用を大きく2つと分類した。

（4）合同会社は２００６年の会社法施行によって設立可能となった会社形態である。米国のＬＬＣ（Limited Liability Company）を参考とし、所有と経営が一体であり、第三者の経営関与や所有権の移転を防ぎやすいこと、株式会社と同様に有限責任であり出資額を超えた個人財産の拠出が不要、議決権や利益配分を定款で自由に決められ出資比率にとらわれない柔軟な経営対応が可能、設立が容易、株主総会や取締役会を定める必要がなく意思決定が迅速、といった特徴がある。

（5）就農後に生活資金を給付する若狭町の制度。最長3年間で1年目は月額15万円、2年目は月額10万円、3年目は月額５万円が給付される。現在では、就農時に国の制度である「農業次世代人材投資事業」とどちらを利用するか選択できる。

参考文献

[1] 稲本志良（1992）「農業における後継者の参入形態と参入費用」『農業計算学研究』第25巻、1～10頁。
[2] 内山智裕（1999）「農外からの新規参入の定着過程に関する考察」『農業経済研究』第70巻第4号、184～192頁。
[3] 江川章（2000）「農業への新規参入」『日本の農業――あすへの歩み　第215集』。
[4] 柳村俊介・山内庸平・東山寛（2012）「農業経営の第三者継承の特徴とリスク軽減対策」『農業経営研究』第50巻第1号、16～26頁。
[5] 山本淳子・梅本雅（2012）「第三者継承における経営資源獲得の特徴と参入費用」『農業経営研究』第50巻第3号、24～35頁。
[6] 農林水産省『農林業センサス』（各年度版）。
[7] 農林水産省『新規就農者調査』（各年度版）。
[8] 全国農業会議所『農業経営の第三者継承マニュアル』（https://www.nca.or.jp/Be-farmer/farmon/files/manual2014.pdf 2016年10月6日アクセス）。

第8章　農業経営におけるリレーションシップの管理
──「つき合い」取引の経済性と規定性を視点として

木原奈穂子

1　生産資材調達先の決定要因の多様性

多様な経営形態が存在する我が国農業において、個々の農業経営の成長・維持には、生産資材の販売体制も含めた総合的で効率的な生産体系が地域農業で形成できるか否かが大きく影響する。政府の規制改革会議等(1)では、農業者の所得向上のため、農協がより低価格な生産資材の販売体制を形成すべきとの議論がなされているが、農業経営者は価格のみで資材の調達先を選択しているわけではない。農業経営者は生産資材の品質の他、納品や代金回収のタイミング、販売員の人間性や今後の経営発展の可能性など、様々な判断基準で調達先を選択しているのが実態である。さらに、地域における過去の慣習や制度が調達先を決定する要因となる場合もある。「つき合い」取引と呼ばれる調達先との慣習的な関係性も、そうした決定要因の一例である。

このように価格を含む多様な判断基準で調達先を決定するからこそ、生産体系の形成にはより厳密な管理が求められる。ゆえに生産資材の調達において、高価格という制約的要素の排除を求めるだけではなく、調達先との関係性をも包めた総合的な経営管理がいかに経済性に結び付くのかを明らかにする必要がある。

そこで本章では、ユニークな関係性の一例である「つき合い」取引の構造を、関係性マーケティング論を視座に明らかにするとともに、「つき合い」取引が農業経営の経済性に与える影響を考察し、調達方法と経営管理のあり方を議論する。

2 リレーションシップと資材調達に関する理論的枠組み

(1) 購買取引とリレーションシップ

Kotler and Keller[2006＝2016]は、マーケティングを「収益性の高い顧客を引きつけ維持する技術」(184頁)とし、「長期的なカスタマー・リレーションシップの育成」(184頁)によって顧客価値が最大化するという。企業は、顧客との絆を強くするために個々の顧客の詳細情報を管理し、それらを基に顧客との接点を緻密に管理することで、より個別的に顧客が感じる価値の最大化を図ってきた。こうした顧客管理は、カスタマー・リレーションシップ・マネジメント(CRM)と呼ばれ、企業で資材調達を担う購買担当者と資材供給企業との関係にも援用されている。なお、「リレーションシップ」とは、原料や資材供給者から加工、販売というバリューチェーンの流れに沿った諸主体の関係性のことを指す(図1)。
例えば日本産業を代表する企業であるトヨタは、部品メーカーとのリレーションシップの管理手法を、社会情勢の推移と共に変化させてきた。具体的には、トヨタによる資材支給方式や部品メーカーによる自給方式から、トヨタが価格・発注枠の管理を行い、部品メーカーが調達・検収業務を行う管理自給方式へと移行している。このように購買システム・取引方法を変化させることで、トヨタは部品メーカーとの関係性を長期にわたり維持してきた。

トヨタのような大企業のみならず、中小企業の多い地場産業においても顧客と企業のリレーションシップ管理は経営にとって重大な課題である。加護野［２００７］は、特に地場産業の独自の取引制度や慣行に着目し、地場産業が顧客による長期的・継続的な取引を通した資金循環や、経営状況を把握した上でのフィードバックによって成立していることを明らかにしている。このような長期取引は地場産業に特徴的な取引文化である一方で、取引経路が規定されやすくなる危険性があることも指摘している。

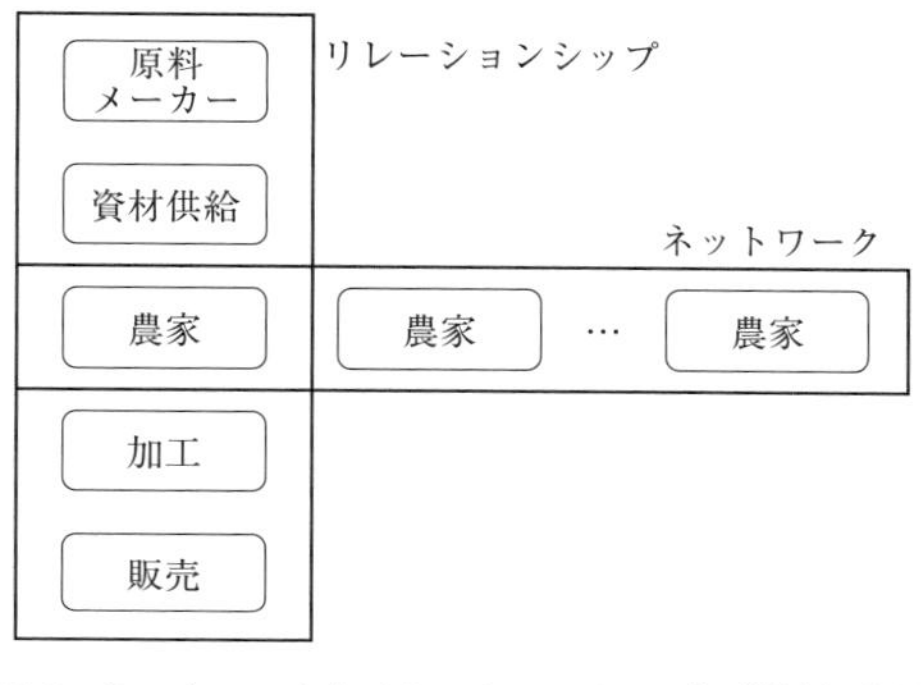

図１　ネットワークとリレーションシップの関係概念図

(2) リレーションシップの枠組み

日本の地域農業において、取引の関係性は伝統的に、農業経営間の水平的なものが主であった。こうした水平的な主体間の関係性を「ネットワーク」と呼ぶ（図１）。個別農家が連携してネットワークを構築し、共同で販売や資材購入を行うことで、販売力強化やコスト削減による所得向上が図られてきたのである。

日本の地域農業における垂直的な関係性（リレーションシップ）も研究者の間で議論されてきたが、主に農業経営と加工・販売業者との関係性に焦点が当てられ、農業経営と生産資材調達先との関係性は軽視される傾向にあった。この理由として、日本の地域農業においては、大多数の農業者が農協の組合員であり、農協の共同購入体制下での資材調達のみで事足りていたことがあげられる。つまり、他産業に一般的に見られる多様な資材調達方式が成立せず、研究の意義が低かったのである。

しかし現在では、地域農業に多様な経営形態が包含されるようになり、加えて規制改革会議等の議論を反映した政治主導の農協改革によって、農協の共同購入体制の変革が求められている。このような状況下で、農協は多様な事業展開によって組合員たる農業経営者との関係性を維持しようとする一方、特に先進的な農業経営体の経営者や若手の農業経営者は、コスト削減のため、多様な資材調達方法を模索しており、調達先との新たな関係性の構築を求めている。そうした現状をふまえ、次節より、これまで日本の農業経営研究で省みられることのなかった資材調達に関する「リレーションシップ」の特殊性を明らかにしていく。

3　農業経営の資材調達の特色

ここでは、資材調達先の選定が特徴的な若手農業者に焦点を当て、その資材調達方法をまとめる。具体的には、若手農業者が組織化し調達先からの効率的な資材調達を行う株式会社兵庫大地の会（以下、大地の会）のメンバーと、予約購買で資材を調達する兵庫県南あわじ市の新規就農者に対する聞き取り調査結果を整理し、資材調達におけるリレーションシップの意義を検討する。

(1) 大地の会の概要と資材調達

大地の会は兵庫県の若手稲作農家を中心に、２０１２（平成24）年3月に資本金１５０万円で株式会社化した組織であり、生産情報の共有化や購買活動・販売活動の共同化をつうじて効率的な経営を目指している。もともと8名の米生産農家で始まったが、現在は構成メンバーが25名となっている。[(2)] 一人の代表と、それぞれの職務を持ったその他従業員という構成で、社員になるには1年間の経営状況の確認が求められる。社員全体の総計で700ヘクタールの経営面積となる。

主な販売先は、農協の直売所や消費者への直接販売、全農である。消費者ニーズに即して多様な品種を生産するため、生産体制を社内で協議して、対応できる社員が生産する。社員は大地の会として得た情報を無料で活用できる一方、大地の会ブランドでの販売の際には5%の手数料が必要となる。

資材調達では、肥料や農薬、機械など生産に必要な生産資材をまとめて大口取引で調達することで、価格交渉および支払サイト（取引の締め日から、実際にその代金支払の決済が求められるまでの猶予期間）の交渉や、資材調達先への情報提供依頼を可能としている。このような資材調達方式は、地域農協とのつき合いを阻害するものではない。個別の農業経営者である従業員にとって、大地の会も農協も資材調達のための「一つの選択肢」となっている。このような調達先の選択の自由が、経営者としての地域の中での関係性の維持を可能としている。

大地の会の調達先の選定・交渉の条件として、上西（2016）は①サービス内容、②価格、③支払いサイトの長さ、および農業経営者と調達先との信頼関係を基にした④良好な人間関係の構築、の4つを指摘している。本章執筆のために行った聞き取り調査においても、調達先の管理にはこれら4条件にもとづいて経営行動が選択されていることが確認できた。

（2）南あわじ市の若手農業者の概要と資材調達

南あわじ市で新規就農した若手農業者2名は、淡路島ブランドを活用した生産に取り組んでいる。1名は現在30歳で、分家出身ではあるが本家が持つ農地を借地し、レタスを約200アールで生産している。もう1名は現在35歳で、親戚の農地を借地し父親と共に就農した後、2012（平成24）年に独立、レタスを80アール、玉ねぎを35アール、WCS米を25アールで生産している。

これら2名の若手農業者の資材調達を支えているのが南あわじ市に本拠をおくJAあわじ島である。南あわじ市は淡路島の約3分の1を占め、温暖な気候特性を活かして、玉ねぎ、レタス、はくさい、キャベツ、ブロッコリー等の野菜栽培が盛んな土地である。この他にも、米、畜産、果樹、花卉などを複合的に生産する多様な農業経営者が存在する。JAあわじ島には、他のJAと同様に多様な部会が存在するが、部会員間で栽培方法の統一や生産量の調整などは行われていない。

南あわじ市の若手農業者2名は、生産物の大半を同農協に出荷し、農協から生産資材を調達している。これは販売に農協を利用することが「淡路島ブランド」とその産地の維持につながり、自らの経営に有利になるとの長期的視点に立つ判断からである。農協を通じた「淡路島ブランド」での販売は、高価格販売を可能とし、市場を開拓する労力を低減させると考えているのである。農協との関係を維持するため、生産資材も主に農協の予約購買により調達している。地元のホームセンターや活発に営業する肥料商社からも調達は可能だが、農協で調達する資材に品質面で差はなく、自ら調達する手間を省くためにも、2名の若手農業者は農協の予約購買を通した調達を変えようとは考えていない。

こうした方針を、彼らは「つき合いがあるから」という表現で説明する。「つき合いで」という表現には、「本来は望まないのにやむなく」といったネガティブな意味合いが時として込められる。しかし2名の若手農業者は、長期的な観点から、「つき合い」のポジティブなメリットを認識している。このメリットには、安定的な資材調達や、営農指導を通した農協との中長期の目標共有が可能になることも含まれている。

右記のことから、2名の新規就農者が農協を主な資材調達先とする理由は、農協が提供する①資材品質を維持するための経費、②出荷代金の入金と資材調達代金の支払いのタイミング、③営農指導体制の3点に集約できる。

4 農業経営におけるリレーションシップ

(1) リレーションシップにおける「つき合い」取引

以上のように、若手農業者への聞き取り調査の結果から、生産資材調達の局面において、これまでの取引実績や地縁的な人間関係といった慣習が、図1に示したリレーションシップ要素を決定していることが明らかになった。加えて、長期的な信頼関係を構築することが、リレーションシップを強化し、繰り返し取引につながることで信頼関係の再強化をもたらしていると考えられる。

また、農業経営における資材調達に関するリレーションシップの中で「つき合い」と呼ばれる取引が存在することも明らかになった。聞き取り調査の結果は、「つき合い」取引が、㋐地縁関係も含む長期取引の中での人間的信頼関係、㋑その信頼関係の中での繰り返し取引による情報開示度、㋒情報開示を通じた経営情報の共有度、㋓経営情報の共有を前提とした歩み寄りの度合い、によって規定されていることを示している。

さらに聞き取り調査の結果からこのような「つき合い」取引構造の下での農業経営者の経営行動は以下のよ

うに整理できる。㋐長期取引を通じて「人間的信頼関係」を構築し、他の資材調達先に対する参入障壁を築くことで調達先取引コストを下げ最大の調達メリットを引き出す。また、㋑「繰り返し取引」によって㋐の強化を図るとともに調達価格の弾力性を下げ、自らの経営目標に沿った資材を継続的に低コストで購入する。㋒「経営情報の共有」度を高めることによって、代替品の探索にかかるコストを下げ、支払サイトの延長より有利な調達条件を設定し、キャッシュフローの維持を図る。そして㋓調達内容・調達方法を調整するために「調達先との歩み寄り」を図る。さらにこれら㋐〜㋓の農業経営者の経営行動が、①調達価格、②調達品の品質、③調達にかかるサービス、④支払条件の4つの取引条件において具現化し「つき合い」取引構造を構築しているとまとめられる。

このことから、「つき合い」取引とは、「リレーションシップに包含される取引の一種であり、農業経営が設定する目標から発生する取引要因に影響を与えるもの」と定義できる。つまり「つき合い」取引は、

・中長期的な取引上の費用の低減による利得の増加を見込んだ経済行動
・価格のみに注目するのではなく、価格以外のサービスを含めた長期的な取引の包括的評価に基づく経済行動

という2つの経済行動を包含していると考えられる。ただし、ここで長期的評価を前提とする「つき合い」取引上では、調達先選択の自由度が低下しがちであることは指摘しておく。

(2)「つき合い」取引管理の必要性

上記のような「つき合い」取引の定義に基づき、調達先に対する4つの経営行動（右記㋐〜㋓）と「つき合い」取引の（右記①〜④）との関係を明らかにする。

①調達価格は、短期および中長期の農業所得に影響する。調査した2事例では、他調達先と比較して高価格であっても調達している資材もあった。同時に、長期的信頼関係を構築することで調達先を限定していた。この取引の背景には、短期的には所得低下を招くが、中長期的には所得向上につながるという経営判断がある。経営判断の理由として、長期的信頼関係を構築すれば法外に高額な価格は設定されないという期待や、地域固有のブランド品目の生産を継続し経営情報を共有することで調達以外の情報を獲得できる期待がある。つまり㋐地縁関係も含む長期取引の中での人間的信頼関係、㋒情報開示を通じた経営情報の共有度の高さが調達価格と結びついている。加えて南あわじ市の若手農業者の場合、㋑繰り返し取引が情報共有度を向上させ調達価格と結びついていることが見出された。

②調達品の品質は調達品の使い勝手を指し、生産環境に影響する。調査した2事例の農業経営者は高品質な生産資材の調達が生産には当然必要であると考えていた。2事例とも調達先と長期的信頼関係を構築し、調達先を限定することが調達品の品質に影響すると考えている。大地の会ではより高品質な資材を調達するため、複数の調達先の試用が見られるものの、信頼関係を構築した調達先との継続取引を希望していた。一方、南あわじ市の若手農業者は、長期的信頼関係を構築することで調達品の品質維持を図っていた。つまり、高品質な生産資材を調達するため、㋐地縁関係も含む長期取引の中での人間的信頼関係や㋒情報開示を通じた経営情報の共有度の高さが調達品の品質に関係していた。

③調達にかかるサービスは、農業経営が設定する経営目標と関連している。大地の会は、経営情報の共有や繰り返し取引、それらを通した長期的信頼関係の構築を条件に調達先から生産情報や経営情報を獲得している。また継続的な取引の中で経営目標に沿った情報獲得のため、さらなる調達先からの歩み寄りを図っていた。すなわち㋐〜㋓すべてが調達にかかるサービスと関連している。一方、南あわじ市の事例では営農指導を通じて

表1　大地の会の「つき合い」取引規定要因と経営行動との関係性

	①価格	②品質	③サービス	④支払
㋐人間的信頼関係	○[1]	○	○	−
㋑繰り返し取引	−	−	○	○
㋒経営情報の共有	○	○	○	○
㋓歩み寄りの度合い	−	−	○	○
影響の程度	大	大	大	大

出所：筆者作成。
注1：経営行動に影響している場合は「○」、そうでない場合は「−」としている。

表2　南あわじ市の若手農業者の「つき合い」取引規定要因と経営行動との関係性

	①価格	②品質	③サービス	④支払
㋐人間的信頼関係	○[1]	○	○	○
㋑繰り返し取引	○	−	○	○
㋒経営情報の共有	○	−	○	−
㋓歩み寄りの度合い	−	−	−	−
影響の程度	大	大	大	小

出所：筆者作成。
注1：経営行動に影響している場合は「○」、そうでない場合は「−」としている。

生産効率の向上に関する情報を獲得しているが、資材調達に関しては予約購買であるため、農協の規定通りの支払条件を求められており、調達先と農業経営の経営目標の歩み寄りはみられない。このことは経営者も理解しており、南あわじ市の若手農業者の場合、㋐〜㋒が調達にかかるサービスと関連しているとまとめられる。

④支払条件は、農業経営のキャッシュフローに影響を与える。大地の会では、有利な支払条件を設定するため、㋑信頼関係の中での繰り返し取引による情報開示度および㋒情報開示を通じた経営情報の共有度および㋓経営情報の共有を前提とした歩み寄りの度合い高めている。一方、南あわじ市の若手農業者では、農協との取引が支払条件を固定化しており、㋐地縁関係を含む長期取引の中での人間的信頼関係および㋑繰り返し取引が密接に関連していることがわ

第Ⅱ部

かる。

右記の結果から、大地の会および南あわじ市の若手農業者の経営行動と「つき合い」取引の条件との相互関係とその程度をまとめたのが、表1、表2である。たとえば①調達価格が影響を与える経営行動が2つ以上になれば、影響の程度が大きくなることが分かる。影響の程度が大きくなれば、高価格での資材調達が容認されるようになる。②調達品の品質では、経営行動のうち㋐地縁関係を含む長期取引の中での人間的信頼関係に最も影響を与えており、㋐が見られれば影響の程度が大きい。影響の程度が大きければ、より高品質な資材調達が可能となる。③調達にかかるサービスは、影響を与える経営行動が3つ以上の場合、影響の程度が大きいと本章では判断できるが、追加的な検証が必要である。影響の程度が大きい場合、生産情報や経営情報を追加的、継続的に獲得可能となる。④支払条件は、影響を与える経営行動が2つ以下では影響が小さく、3つ以上で影響が大きくなることが分かる。影響が大きくなれば、支払条件の交渉が容易になる。

また、聞き取り内容は取引条件が影響を与える経営行動と相互に影響しあうことを示している。大地の会の大口取引での支払条件の交渉より、次のことが確認できた。取引金額が大きくなる場合、調達先にとっては購入から支払までの期間が長くなるほど支払されないリスクが高くなるため、可能な限り代金支払までの期間を短くしようとする。このような場合、調達先は経営目標の把握等で長期的な取引が見込める場合等、取引上のメリットがある場合においてのみ支払条件を緩和する。つまり良好なキャッシュフローの維持と支払条件の緩和はトレードオフの関係にあり、条件①調達価格とトレードオフ関係にあることが指摘できる。加えて南あわじ市の事例のように③が得られることによって④を妥協するという関係も見られた。

このように「つき合い」取引は経営者の経営行動に影響を与えている。農業経営の場合、多くの経営目標が土地利用を含めた長期的な展望に基づく。この経営目標の遂行・達成には、調達先等の外部組織がもたらす情報が有利に働く場合が多い。外部組織がもたらす情報には、生産資材に関するものや地域ブランドの確立・維持による地域活性化等の経営に関するものも含まれる。このため、「つき合い」取引は経営行動や経営目標、経営目標を達成することによる経済性に影響を与えることとなる。農業経営者には、経営行動の管理を通した「つき合い」取引を含むリレーションシップの構築が求められている。

5　農業経営における資材調達方式の検討

さらに「つき合い」取引を基とした現状の農業経営の調達方法の分類を試みる。

Cannon and Perreault［1999］は企業と購買者とのリレーションシップを変化させる要因として代替製品の利用可能性と供給の重要性、供給の複雑性、供給市場のダイナミズムの4つに着目しリレーションシップを8カテゴリーに分類した。①基本的購買と販売、②ベア・ボーンズ（最小限）、③契約取引、④カスタマー・サプライ、⑤協力システム、⑥コラボレート、⑦相互適応、⑧顧客は神様、の8カテゴリーである。

①基本的購買と販売とは、適度なレベルの協力と情報交換を伴う比較的シンプルでルーチン化した取引を指す。この①と類似しているが、販売者側の歩み寄りが大きく、協力や情報交換の度合いの小さい取引が②ベア・ボーンズ（最小限）である。③契約取引とは信頼、協力、交流の度合いが低く、契約による取引を指す。④カスタマー・サプライは競争的な取引であり、⑤協力システムとは構造的なコミットメントなしに運営面で密接につながる取引を指す。⑥コラボレートはコミットメントに基づくリレーションシップを通してパートナーシップを結ぶ取引を指し、⑦相互適応とは、購買者・販売者間でリレーションシップ特有の適応が顕著である

表3　農業経営における調達方式

価格	品質[1]	サービス	支払[2]	方　式	調達先
低	高	低	×	即時調達方式	ホームセンター 専門業者
低	高	低	○	ホームセンター特化方式	ホームセンター
低	高	高	×	調達先交渉方式	専門業者
低	高	高	○	調達先協力方式	専門業者
高	高	低	×	資材センター利用方式	農協
高	高	低	○	調達先適応方式	専門業者
高	高	高	×	従来方式	農協
高	高	高	○	コラボレーション方式	専門業者

出所：筆者作成。
注1：低品質を選択することはないと仮定している。
　2：支払条件が交渉可能である場合「○」、交渉不可である場合「×」としている。

が必ずしも強い信頼や協力がある訳ではない取引を指す。⑧顧客は神様とは、密接で協力的なリレーションシップで結びつくが、販売者の方が顧客ニーズに合わせる取引である。

この分類を援用し、現状の農業経営の調達方式を表3に示す。なお農業経営者は高品質の生産資材を調達しようとするため、表3では高品質な資材調達のみを示している。

即時調達方式は必要時に農業経営者が自らホームセンター等から資材を調達する方式である。同様にホームセンターで資材を調達するが、ホームセンターが独自設定する販売方法を活用する方式がホームセンター特化方式である。調達先交渉方式とは、価格や支払条件等で調達先を競争的に選定する方式であり、調達先協力方式とは、調達先を限定し、密接なリレーションシップを構築する方式である。資材センター利用方式とは、農協が運営する資材センター（資材販売店）で農業経営者自ら資材を調達する方式であり、ホームセンターよりも高価格である一方、立地等の条件で利便性がある場合に採用される。調達先適応方式とは、調達先との密接なリレーションシップを構築せず、選定可能な調達先の一つとして利用する方式である。従来方式とは資材調達を農協の購買部門に依拠するこれまでの調達方式に即した方式を指す。コラボレーション方式とは、従来方式と同様、調達不可能な価格ではないが、支払条件等で交渉可能な方式である。分析結果より、大地の会はコラボレーション方式、南あわじ市の若手農業者は従来方式と分類できる。

右記の調達方式の違いは他産業と同様、社会情勢によって変化する。加えて調達方式の選択は、経営行動の変化に伴い、農業経営上の目標設定および経済性に影響を与えることが明らかとなった。このため、農業経営の成長・維持には、調達方式の選択および選択に伴う「つき合い」取引が規定する経営行動の管理が必要であるとまとめられる。

[付記] 本章は、木原奈穂子（2017）「農業経営におけるリレーションシップの管理に関する考察――「つき合い」取引の経済性と規定性を視点として」（『農林業問題研究』第53巻第2号、108～116頁）をもとに、新たな知見を加えて加筆・修正したものである。

注

(1) 2016（平成28）年9月からは規制改革推進会議となった。
(2) 2016（平成28）年現在。

参考文献

[1] 磯村昌彦（2011）「自動車用鋼板取引における集中購買システムの進化」『経営史学』第45巻第4号、29～51頁。
[2] 井出秀樹（1994）「ハーバード学派」小西唯雄（編）『産業組織論の新潮流と競争政策』晃洋書房、15～26頁。
[3] 上西良廣（2016）「㈱兵庫大地の会――兵庫県」『農業と経済』第82巻第9号、89～93頁。
[4] 加護野忠男（2007）「取引の文化――地域産業の制度的叡智」『国民経済雑誌』第196巻第1号、109～118頁。

[5] 門間敏幸（２００６）「日本農業の新たな担い手としてのフランチャイズ型農業経営の特色と意義」『農業および園芸』第81巻第９号、９４７～９５２頁。
[6] Cannon, J.P. and W.D. Perreault Jr. [1999] "Buyer-Seller Relationships in Business Markets." *Journal of Marketing Research*, 36（1）, 439-460.
[7] Kotler, P and K.L. Keller [2006] *Marketing Management*, 12th ed.（月谷真紀訳『コトラー&ケラーのマーケティング・マネジメント（第12版）』丸善出版、２０１６年）。
[8] Liebowitz, S.J. and S.E. Margolis [1995] "Path dependence, lock-in, and history." *Journal of Law, Economics and Organization*, 11（1）, 205-226.

第9章　集落の営農活動とソーシャル・キャピタル

加藤千晶
坂本清彦

1　地域農業の担い手としての集落営農

日本の農業は高度経済成長期以降、兼業化や離農による農家戸数減少、高齢化・過疎化による耕作放棄地の増大が進んでいる。近年では、企業の農業参入条件を緩和することで担い手の門戸を広げているが、農地は家産的性格や部外者の参入による抵抗感が大きく影響する財でもあるため、新たな担い手が現れても上手く農地が集まらない側面も指摘されている。

そこで本章では、地域の人々が自ら問題を解決しつつ営農を行う集団であり、現在の農政が地域農業の担い手と位置付け、経営体としての発展を求める集落営農[1]を含む、集落共同での営農関連活動（以下「集落の営農活動」[2]という）に着目する。集落営農はそもそも、担い手枯渇地域において集落全体で農地を維持していくための切り札的存在として出現したが、単に集落内に担い手がいないということだけで設立されるわけではない。

土地条件や社会・経済条件などの差がほとんどないにも関わらず、理想的な集落営農があるところもあれば、集落営農も担い手農家もいないところもある。集落営農は、先進的大規模経営体から兼業農家まで多様な個別農業経営体との土地利用調整から、作目選択、管理運営、生産成果の配分に至るまで、合意がなければ成立しないため、集落営農の形成には、集落における協力関係やまとまりが重要な要素となっていると考えられる。たとえば桂［2005］は、農業改良普及員から聞く集落営農の成功要因として、①優れたリーダーの存在、②集落の和（協力の気質、雰囲気）の2点を挙げ、集落営農設立の条件は地域社会の主体的な条件、特にソーシャル・キャピタル（以下「SC」と表記）と関連するとしている。

SCは、自主的かつ協調的な行動を組織的活動の基盤とし、地域の資源、人材、資金を活用する集落営農の設立、運営に極めて重要な役割を果たすと考えられる。集落営農は、実際に生産活動を担う農業者だけではなく、地権者、地主などの地域住民も含めた様々な集落構成員との調整のうえではじめて稼働するものであり、その運営には各集落の機能や社会風土が重要な役割を果たすと考えられる。さらに近年では、農村の過疎化や少子高齢化、混住化が進み、産業としての農業の担い手と多面的機能の源泉としての農の担い手との二層化が進んでいる［宮崎　2004］。このような状況下、、多面的機能支払金等を活用して地域の農業資源を維持・保全するための共同活動に、非農業者の地域住民の協力も求められるなど、集落営農組織外との連携も含めたSCの意義は増大していると言える。

そこで本章では、集落の営農活動の実施に与える諸要因の中でも特にSCに着目し、①集落のSCが集落の営農活動に及ぼす影響、②集落の営農活動がSCの蓄積に与える影響について分析する。

2 ソーシャル・キャピタルと集落の営農活動

(1) SCの概念と農業集落におけるその意義

様々な定義がある中で本章ではSCを、主要な論者の一人であるパットナム Putnam［1993＝2001］及び内閣府国民生活局［2003、15頁］を参考に「信頼・規範・ネットワークといった社会制度の特徴であり、人々の協調行動を促すことにより、社会の効率を高めるもの」と定義し用いる。パットナム Putnam［2000＝2006］はさらに、SCの形式の多様性の中で、「橋渡し型SC」（あるいは包含型）と「結束型SC」（あるいは排他型）の区別を最重要視する。前者は、異なる組織間における異質な人、組織や価値観を結び付けるネットワークであり、外部資源との連携や情報伝達において優れているのに対し、後者は、組織の内部における人と人との同質的な結びつきであり、組織内部での信頼や協力、結束力を生むものである。ただし、通常、組織はどちらか一方だけではなく双方の機能を有するとともに、双方をバランス良く有しているときに大きな力が発揮されるという。

また、結束型SCには上記のような正の側面だけでなく、その程度が強まると、受益の範囲限定性や排他性から排除的社会や分断的社会の形成に繋がるという負の側面も指摘される。つまり、結束型SCはネットワークの内部の人には相互扶助、協力、信頼等、一般に有益な機能をもつが、他方で汚職、派閥、自民族中心主義といった負の外部効果も生み出しうる。結束型SCの強いネットワークの内部者には、外部に関わる行動の機会費用が甚大となり、外部者からすれば内部でのコミットメント関係が強く内部への新規参入が難しくなる可能性がある。そしてこのような弊害を乗り越えるために橋渡し型ＳＣの構築が必要とされているのである。

地域ぐるみの協力が必要な集落営農に代表される集落の営農活動では、集団内の協力を引き出すＳＣは重要な要素と考えられる。特に地域資源の保全・管理活動には、集落営農組織を超え非農家も含めた地域住民との連携・協力が不可欠である。このため、集落機能の低下による地域の共同活動が困難となるなか、多面的機能の発揮に支障が生じることで担い手農家の負担増加が懸念されることから、「多面的機能支払交付金」等の地域の共同活動への政策的支援が行われている。さらに、集落営農が農産物加工や直接販売などの六次産業化や都市農村交流などの活動に乗り出す例も増加し、集落外の関係諸主体とのネットワーク化の重要性も高まっている。このように、集落営農の活動や機能が多面的に展開される状況は、結束型ＳＣ及び橋渡し型ＳＣが集落営農組織を中心としてどのように蓄積・利用され、あるいは相互作用して集落営農の運営にどう影響するのかという問いを投げかけているといえよう。

(2) ソーシャル・キャピタルと集落の営農活動の関係モデル

集落のＳＣと集落の営農活動の関係を検証するため、集落属性、生産環境、ＳＣと、農業資源維持向上のための共同保全活動との関連を検証した松下［２００９］、共同営農活動とＳＣの蓄積にポジティブフィードバック性があると指摘した桂［２００５］を参考に、以下の図１に示す分析モデルを構築した。

このモデルは、集落の営農活動に、集落属性や農業生産環境に加えてＳＣが何らかの形で影響を与えるとともに、集落の営農活動がＳＣを蓄積させるという「フィードバック」効果を持つという考えに基づいている。

ここで、「集落の営農活動」とは、農業に関連する共同活動全般のことを指す。松下［２００９］が分析した農地・水・環境保全向上対策による農村資源の共同管理活動に加え、本章の分析では、集落営農などによる農

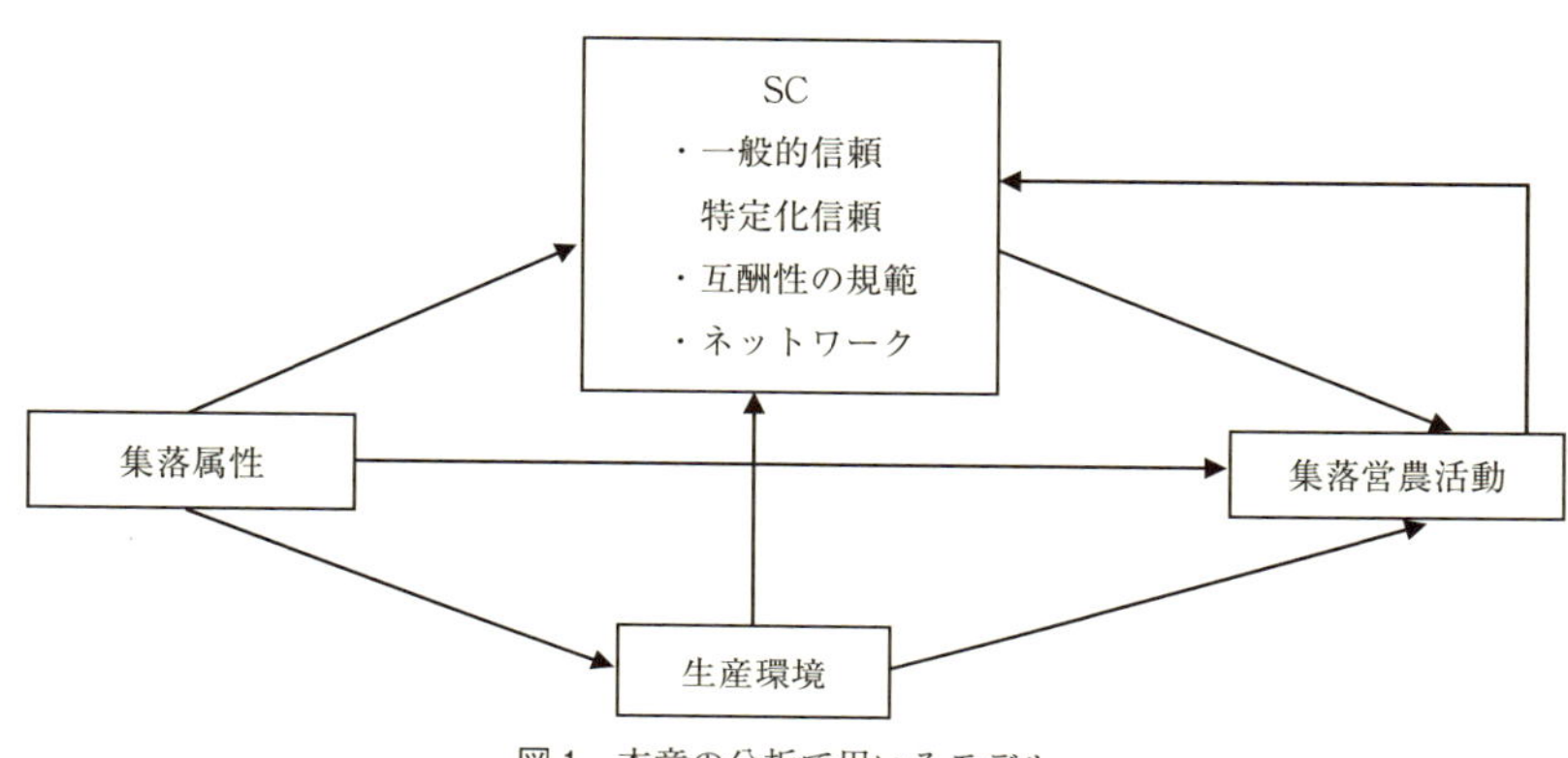

図1　本章の分析で用いるモデル。
出所：松下［2009］、桂［2005］を参考に筆者作成。

業に関連する共同活動全般、営農組合設立などのために行われる集落の寄合い・話し合い、ブロックローテーションの経験なども含む。

まず「SC」については、内閣府国民生活局（2003）を参考にしつつ、「信頼」、「互酬性の規範」、「ネットワーク」という要素から構成されると措定する。(3) このうち「信頼」に関し、先に挙げたパットナムは、知人を中心とした特定の者への信頼を指す「特定化信頼」と、知人以外も含む一般的な他者に対する信頼を指す「一般的信頼」を区別した。前者は、流動性が比較的小さく知己が多いという日本の伝統的な農業集落の特性との関連が深く、後者は、右に述べたように都市農村交流活動など集落外との交流が増加している近年の農村事情との関連が深い。ゆえに、本章ではSCの一構成要素としての「信頼」に、「特定化信頼」と「一般的信頼」の両者を含むものと考える。

「互酬性の規範」は、パットナムがSCの構成要素として「返礼を期待せずに相手に何かを与える行為にみられる互酬性」と定義する「一般的互酬性」を意味する。「ネットワーク」には、集落の構成メンバー内及び集落外の諸主体とのネットワークの両方を含む。信頼や互酬性の規範が認知的な要素であるのに対して、ネットワークはそうした認知的要素が集落内外とどう共有されているのかを表す構造的な要素である。

さらに本章の論考の特徴は、桂（2005）の指摘する集落の営農活動がSC蓄積に与えるフィードバック効果を考慮し、上図において「集落の営農活動」から「SC」への影響を示す矢印を付け加えている点にある。ただし、これは必ずしも正の「影響」、すなわちSCの蓄積を促すとは限らない。たとえばメンバーの意に沿わない集落の営農活動が続けば、集落内での信頼を低下させSCを減耗させる可能性も考えられるが故であり、「集落の営農活動」と「SC蓄積量」は複雑な相互依存関係にあると考える。

3 滋賀県彦根市の調査対象3集落の概況

本章の内容は、滋賀県彦根市の隣接し合うA集落、B集落、C集落を対象とした聞き取り調査とアンケート調査の結果にもとづいている。集落組織の幹事役などへの聞き取り調査により、先に述べた「ソーシャル・キャピタルと集落の営農活動の関係モデル」における「集落属性」「生産環境」「集落の営農活動」の概況を把握し、さらにアンケート調査により「SC」と「集落の営農活動」をより詳細に把握して分析した。

この3集落は、地理的・社会的条件は類似しているが、集落の営農形態に違いがある。表1に概要を整理した。本章では、個別農家が集落内の営農の主な担い手となっているA集落を「個別農家型」、法人化された集落営農が主な担い手となっているB集落を「集落営農型」、個別農家と生産組合（集落営農）の両者が営農の担い手となっており、A集落とB集落の中間的性格を持つC集落を「混合型」と整理する。

表1　調査対象3集落の概要

	A集落	B集落	C集落
人口	167	434	493
世帯数	52	207（91 (注)）	142
農用地面積	20.8ha	108.6ha	98.7ha
専業農家数	6	14	8
兼業農家数	16	9	14
認定農業者	個別専業農家　2戸（うち1戸は認定新規就農者）	個別専業農家　1戸 集落営農組織　1	有限会社　1 個別専業農家　6戸（うち1戸は認定新規就農者）
人・農地プランにおける将来の地域農業像	・中心となる経営体に農地を集める ・新規就農者の育成	・中心となる経営体に農地を集める	・集落営農組織がブロックローテーションによる麦・大豆の作付で効率的な経営を行う
集落内農業組織	D生産組合	農事組合法人E	F生産組合

出所：彦根市提供資料・聞き取り調査をもとに筆者作成。

注：国勢調査によるB集落の人口、世帯数には福祉施設入居者が含まれているが、実際に集落で生活する世帯数は91世帯であることから、農家率は91を母数として算出した。

表2　各集落の生産環境と集落の営農活動状況

	生産環境に関する特記事項	主な集落としての営農活動
A集落	基盤整備事業の導入 個別農家の担い手が存在する	水路掃除 営農組合設立
B集落	個別農家の担い手がいない 入り作が制限され少ない 基盤整備事業の導入	集落営農運営 ブロックローテーションを実施 営農に関する話し合い
C集落	担い手が多数存在する 農家戸数・農地面積の減少	水路掃除 生産組合運営 営農に関する寄り合い ブロックローテーションを実施

出所：聞き取り調査にもとづき筆者作成。

4　ソーシャル・キャピタルと集落の営農活動の関連

（1）調査結果の概要

聞き取り調査から得られた各集落の生産環境と集落としての営農活動の状況を表2にまとめた。

アンケート調査は、非農家も含めた集落全戸を対象とし、集落の信頼や互酬性等、ＳＣの状況を問う質問[4]と、農家および土地持ち非農家のみを対象とし集落の営農農業に対する考えについて問う質問から成り、「まったくそのとおりだ（1）」「まあそうだ（2）」「どちらでもない（分からない）（3）」「あまりそうではない（4）」「まったくそんなことはない（5）」の5件法で回答を得た。各集落ごとの回答数、回収率等、アンケート調査結果の基礎情報を表3に示した。

アンケート調査から、集落のＳＣに関する記述（質問）、およびそれらに対応関係が強いと目されるＳＣの要素、ならびに回答（右記1から5の5段階）の平均値を表4に、集落の農活動の状況に関する質問と回答の平均値を表5に示した。表4中、質問1-4、9、14、18、23の平均値では数値が大きいほどＳＣの蓄積傾向が強いことを示し、それ以外の質問では数値が小さいほど傾向が強いことを示す。

表4における質問項目のうち、質問1-7は一般化信頼、同1-1、6、8、10、21、23は特定化信頼、同1-2、3、4、10、12、14、15、16、20、24は互酬性の規範、同1-5、9、17はネットワークというように、ＳＣ各要素に対応している。ただし、ＳＣ要素のうち「　」をつけたものは、2節（2）のモデルに示したＳＣの要素名とは異なるが、ＳＣと関連して重要と目された項目の特性を記している。たとえば質問1-13は集

表3　アンケート調査回答者（世帯）の概要

	A集落	B集落	C集落
回答世帯数	25	83	53
回収率	52.1％	91.2％	45.8％
平均年齢	59.9歳	64.5歳	65.5歳
専業農家	6	8	5
兼業農家	2	15	5
土地持ち非農家	13	46	30
非農家	3	8	14
不明	1	6	1

出所：アンケート調査結果より筆者作成。

落におけるリーダー的存在の有無、同18は集落の結束力、同19は地域への愛着の度合い、同22は共同活動への強制感・義務感、同25は農業に関連する共同活動によってSCが蓄積されているかどうかを測定するものである。

以上の調査結果に基づいて、各集落における集落属性、生産環境、SCの状況と集落としての営農活動の関連について以下で論じていく。

(2) A集落の営農活動と諸要因との関係

A集落（個別集落型）では、「基盤整備事業の導入」を契機として話し合いが行われる中で、集落としてのまとまり（SC）が向上し、「営農組合の設立」（営農活動）に至ったと考えられる。ところが、その後営農組合の活動は続いていない。この理由として、集落の高齢化（集落属性）に起因する営農組合構成員の高齢化と、以前から存在する3、4軒の個別専業農家という「担い手の存在」（生産環境）が挙げられる。

かつてA集落とB集落の営農組合を統合する話があったが、B集落の営農組合の活動が活発化していたことから、その計画は消滅したという。設立時期はA集落の営農組合の方が早かったが、A集落と異なり、B集落では個人の「認定農業者がいないため、みんなで農地を守っ

表4　各集落のＳＣの状況に関する質問と回答の平均値

No.	質問（集落のＳＣに関する記述）	ＳＣ要素	A集落	B集落	C集落
1－1	集落の人は信頼できる人ばかりだ	特定化信頼	2.46	2.46	2.44
1－2	互助精神が残っている	互酬性	2.33	2.23	2.25
1－3	祭り・スポーツが活発である	内部ネットワーク	2.29	2.10	2.32
1－4	若い人はあまり意見を言わない	互酬性（－）*1	2.50	2.46	2.67
1－5	外部交流が活発である	外部ネットワーク	3.29	2.50	2.80
1－6	夜道を歩いても心配ない	特定化信頼	2.25	2.13	2.02
1－7	新しい人を受け入れる気風がある	一般的信頼	2.71	2.50	2.60
1－8	落とした財布が戻ってくる	特定化信頼	2.21	2.41	2.17
1－9	近所づきあいは挨拶程度である	内部ネットワーク（－）*1	3.58	3.35	3.53
1－10	問題は話し合いで解決できる	互酬性	2.29	2.38	2.30
1－11	環境維持活動がうまくいっている	[環境維持向上活動]	1.79	2.00	1.80
1－12	助け合って生活している	互酬性	2.63	2.26	2.09
1－13	リーダーが存在する	[リーダー]（注2）	2.75	2.19	2.54
1－14	悪い事をすれば報いを受ける	互酬性（－）（注1）	2.96	3.09	3.15
1－15	病気などで寝込んだ時に世話しあう	互酬性	3.33	3.16	3.19
1－16	話し合いには積極的に参加する	互酬性	2.58	2.59	2.33
1－17	みな仲が良い	互酬性	2.42	2.50	2.28
1－18	もめごとが発生してまとまらない	結束力（－）（注1）	4.00	3.71	3.69
1－19	地域への愛着がある	地域への愛着	2.32	2.05	1.98
1－20	良い行いは正当に評価される	互酬性	2.67	2.49	2.41
1－21	心配事・愚痴を話しやすい	特定化信頼	2.92	2.91	2.74
1－22	共同活動に強制・義務感がある	[結束力]（注2）	2.40	2.33	2.53
1－23	限られた友人・親戚は信頼できる	特定化信頼（－）（注1）	3.28	3.22	3.26
1－24	女性の意見が取り入れられる	互酬性	3.32	3.04	3.26
1－25	農業共同活動で結束力が増した	[結束力]（注2）	3.32	2.45	2.93

注1：質問1－4、9、14、18、23は数値が大きいほど、それ以外の質問では数値は低いほどＳＣが強いことを示す。

注2：ＳＣ要素のうち［　］をつけたものは、2節（2）のモデルに示したＳＣの要素名とは異なるが、ＳＣと関連して重要と目された項目の特性を示す。

出所：アンケート調査結果に基づき筆者作成。

表5　各集落の営農活動に関する質問と回答の平均値

No.	質問（集落の営農活動に関する意見）	A集落	B集落	C集落
2－1	農業生産は集落で話し合うべき	2.58	2.27	2.11
2－2	農業共同作業にはリーダーが必要だ	2.79	2.01	2.35
2－3	農業は周辺農家との協力が必要だ	2.42	1.99	2.06
2－4	集落内の耕作者に任せることを希望する	3.11	2.15	1.76
2－5	農地貸借に集落意向も入れるべき	2.68	2.27	2.29
2－6	農業共同作業には話し合いが必要だ	2.26	2.03	1.95
2－7	農業共同作業を行うといざこざがおきる	3.47	3.31	3.08
2－8	農業生産は個別農家に任せるべき	2.42	3.40	3.18
2－9	農地貸借は外部機関が調整すべきだ	2.37	2.98	2.92

出所：アンケート調査結果に基づき筆者作成。

ていくしかなかった」（B集落の集落営農構成員）ことから、集落営農組織の活動がA集落より先に活発になった。他方、認定農業者という担い手が存在する「生産環境」にあったA集落では、「集落営農活動」としての営農組合活動の継続の必要性が低下、活動が不活発となって、現在の個別農業経営を中心とした営農形態となったと考えられる。

SCの状況（表4）をみても、BおよびC集落に比べて信頼、互酬性の規範、ネットワークのいずれの要素においても全般にSCの蓄積状況が元々高くないことが見てとれる。このようなSCの蓄積状況が、営農組合活動の不活性の背景となったと思われる。

さらに、表4中、質問1-25の平均値は、営農組合から農事組合法人形態の集落営農となったB集落の場合に比べて、A集落の住民は「集落としての営農活動」による結束力（SC）増加の評価が低く、営農組合活動がSCの蓄積に結びつかなかったことが示唆される。

（3）B集落の営農活動と諸要因との関係

B集落では、ブロックローテーションを円滑に行うために入り作の受け入れを最小限とした経緯（生産環境）があり、さらに元来集落が共有していた「集落内の農地はみんなで守る」という意識（S

C）が強化されたと考えられる。また、基盤整備を契機としたブロックローテーションという「集落の営農活動」は、土地改良組合および集落にとって大きなできごとであり、これが集落内部でのＳＣの蓄積さらにその後の営農組合設立へとつながっている。

ブロックローテーションを開始して以降、協業経営方式の集落営農に切り替わったが、その際には課題もあった。集落営農のとある構成員によると、「損得の問題はもちろんだが、気持ちの問題がある」という。これは、協業方式で収穫物の質をそろえるため作業を統一することで、農業者各自のやり方での試行錯誤が制限され農業の醍醐味が減ってしまうということである。こうした課題があるにもかかわらず、「集落の農地はみんなで守る」という互酬性の規範を反映した意識が元々強いことから、協業経営へという形の集団的な営農方式の選択へと結びついたことが示唆される。

表4からも、こうした互酬性規範（質問1-12）や結束力（同1-18）をはじめとして、全般にＳＣの各要素の蓄積度が高いことが見て取れよう。また、質問1-25について、Ｂ集落では他の2集落に比して際立って高く評価されており、「集落としての営農活動」によって特に内部結束型のＳＣが蓄積するポジティブフィードバックが働いたと考えられる。加えて、「集落としての営農活動」は、内部結束型ＳＣのみならず橋渡し型ＳＣの蓄積にもつながっていると思われる。Ｂ集落は集落営農の事業として環境にこだわった農業の実践や田んぼアートに取り組み、こうした活動を通じて集落内の子供たちや集落外との交流が行われてきた。外部ネットワークの状況を示す質問項目1-5のＢ集落の平均値が極めて高いことは、集落としての営農活動の結果、橋渡し型ＳＣが蓄積したと見なせよう。

なお、集落営農の法人化に際しての苦労として、集落営農の資本金とするため土地改良組合の積立金を拠出してもらう点が挙げられた。農業者が積み立ててきた土地改良組合の積立金には、現在は非農家となっている人の分も含まれているため、集落営農に拠出すると出資への利益を享受できない人も出てくる。そのため、出資者で話し合いが行われ、積立金を集落営農に転嫁することが認められたが、これは非農家の協力があったからこそ可能であった。こうした傾向は、表4の質問1-18「もめごとが発生してまとまらない」に対する回答が、目立って低いことにも表れている。

このような集落での話し合いや協力が得られる背景として、「リーダー」の存在も「集落としての営農活動」において重要である。B集落で「集落としての営農活動」たる集落営農を維持できている理由の一つとして、構成員は、誰がどの田を作業するかといった指示を出すリーダーが存在し、「今後も集落営農を行っていくにはリーダーが途切れないことが必要」という。B集落におけるリーダーの重要性は、表4および5の質問1-13、2-2が示すように、他の2集落と比べてリーダーの存在感が強く、円滑な農業の共同作業へのリーダーの必要性が他の2集落より強く感じられているという結果にも顕著に表れている。このことから、「集落の営農活動」としての集落営農の維持には、「SC」の蓄積と合わせて「リーダー」の存在が重要であると推測される。これは、2節で論じた「ソーシャル・キャピタルと集落の営農活動の関係モデル」では考慮していなかった新たな要素である。

（4）C集落の集落としての営農活動と諸要因との関係

C集落では、以前から個別農家を中心とする「担い手が多数存在する」という「生産環境」がある。用排水路などの施設も基本的に個別の耕作者が管理しており、農地・水・環境保全向上対策（現在は、多面的機能支払金）を受けて年に数回実施されてきた管理を除いては、「集落としての営農活動」の実績は限られ、「SC」を蓄積する機会が少なかったと推定される。

表4の質問1-25「農業共同活動で結束力が増した」の平均値は、A集落およびB集落の中間的な値となっている。このことは、A集落には存在しない集落営農がC集落には存在するが、B集落の集落営農に比して関与するメンバーが少なく小規模であることから、集落としての営農活動によるSCの蓄積が限定的であると解せられる。

また、C集落では営農に関する寄り合いでブロックローテーションに関する話し合いが行われているが、担い手が多数存在する環境ではB集落のように入り作を懸念する必要性は低く、農地を集落自ら守ろうという結束型SCもB集落ほど強くないことが示唆される。

5 ソーシャル・キャピタルと集落の営農活動の関係が示唆するもの

これまでの分析・考察を通して得られた結論は、以下の2点である。

まず1点目は、集落営農活動を代表する集落営農を立ち上げ運営するためには、段階的な結束型SCの蓄積を必要としていたことである。集落営農の設立にあたっては、基盤整備事業の導入や転作・担い手不足といった生産環境への対応が契機となっていたが、B集落のように集落一体の運営にステップアップしていくためには、SCに加えて内部リーダーの存在も重要であることが示唆された。つまり、まとまりのある集落が内部のリーダーに導かれることで継続的な集落営農活動が可能となると考えられる。個別農家による営農が行われているA集落では内部リーダーは存在せず、代わって営農に関して外部機関の介入を求める傾向がみられた（表5）ことも、集落営農活動を支えるリーダーの重要性の傍証といえよう。

2点目は、集落営農活動を展開することでＳＣが蓄積され得るが、そのＳＣには内部結束型のＳＣだけではなく橋渡し型ＳＣも含まれるということである。ただし、橋渡し型ＳＣは集落営農を開始してすぐに蓄積されるというものではなく、営農組織の基盤が強固になる多様な事業が展開されるにしたがい、集落外部との交流の機会が創出され、橋渡し型ＳＣの蓄積につながっていくと考えるべきである。つまり、ＳＣは集落営農や向上対策など、集落の農業を支えると同時にその活動から新たなＳＣを蓄積し、次の活動へ活かされていくといえる。

［付記］本章は、２０１５（平成27）年度京都大学大学院農学研究科提出の修士論文「地域農業の展開とソーシャル・キャピタルの機能に関する研究」（加藤千晶）に修正・加筆したものである。

注

（1）農林水産省は集落営農を「「農業集落」を単位として、農業生産過程における全部又は一部についての共同化・統一化に関する合意の下に実施される営農のことをいう」と定義している。

（2）脚注前項の「集落営農」だけでなく、非農家世帯も含めた農業・農村集落のメンバーによる用水路や農道の清掃美化活動等、農業生産そのものではないが農業関連諸資源の管理に関わる幅広い活動を指す。

（3）一部の先行研究では、利用可能なデータの制約ゆえに、寄合の回数をＳＣの代理変数としている場合がある。しかし本章では、寄合は、集落の営農活動と同様、ＳＣを蓄積する過程にあるものと捉え、集落の諸活動の結果として蓄積されるＳＣとは切り離し、集落による営農活動の一環と位置づけた。

（4）ＳＣの測定について、農林水産省［２００７］や中村ら［２００９］のように、個人レベルでのつきあい・交流、信頼、社会参加等の状況を個々の回答者に問い、その平均値を組織や集落のＳＣとする分析があるが、本章では、遠藤［２０１１］や赤沢ら［２００９］のように、回答者個人に集落全体のＳＣについて問う方法を採用した。質問は、遠藤［２０１１］や農林水産省［２００７］を参考に作成した。

参考文献

［1］赤沢克洋・稲葉憲治・関耕平（２００９）「集落活性化におけるソーシャル・キャピタルの役割に関する構造分析」『農林業問題研究』第45巻第1号、1～13頁。

［2］遠藤和子（２０１１）「農村のソーシャルキャピタルの把握――直接支払制度を契機とする集落の活性化に注目して」『農業経営研究』第49巻第3号、91～96頁。

［3］桂明宏（２００５）「農業構造改革と集落営農の展望」『農林業問題研究』第40巻第４号、３８１～３９２頁。

［4］内閣府国民生活局（２００３）「ソーシャル・キャピタル――豊かな人間関係と市民活動の好循環を求めて」https://www.npo-homepage.go.jp/toukei/2009izen-chousa/2009izen-sonota/2002social-capital（２０１７年10月１日参照）

［5］中村省吾・星野敏・中塚雅也（２００９）「地域づくり活動展開におけるソーシャル・キャピタルの影響分析――兵庫県神河町を事例として」『農村計画学会誌』第27巻、３１１～３１６頁。

［6］農林水産省（２００７）「国内アンケート調査結果　農林水産省農村振興局」http://www.maff.go.jp/j/nousin/noukei/socialcapital/pdf/data302d.pd，2015/1/8

［7］Putnam, Robert D. [1993] *Making democracy work: civic traditions in modern Italy*（河田潤一訳『哲学する民主主義―伝統と改革の市民的構造』ＮＴＴ出版、２００１年）。

［8］Putnam, Robert D. [2000] *Bowling alone: The collapse and revival of American community*（柴田康文訳『孤独なボウリング』柏書房、２００６年）。

［9］松下京平（２００９）「農地・水・環境保全向上対策とソーシャル・キャピタル」『農業経済研究』第80巻第４号、１８５～１９６頁。

おわりに

本書は、副題にもあるように「先進的農業経営体」と「地域」との関係を理論的に整理し、事例からその関係性の変容を明らかにしようとしたものである。これまで、本講座が出版してきた書籍を通じ、一貫して先進的農業経営体と産地・地域との関係を分析してきたが、特にその関係に理論的に接近しようとした点が本書の特徴である。

ところで先日、筆者は、この両者の関係を考察するうえで大変興味深い事例に出会った。その農業経営体は京都府北部にあり、無施肥無農薬農法（いわゆる自然農法）に取り組む新規就農夫婦として有名で、2010年に一度お話をお聞きしたことがあった。その当時のお話では、就農当初の夫婦は地域社会から距離をおいて見られていたが、次第に自分たちの野菜作りに理解を示してくれるようになり、草取りや植え付けを手伝ってくれるおばあさんや、「大変やろう」といって毎週一緒に晩御飯を作ってくれる老夫婦など、理解者があらわれ始めたということだった。その話を伺った後、しばらく連絡が途絶えていたが、同じ地域で自然農法に取り組む他の農業者から、夫婦の経営が大きく様変わりしていると聞き、連絡を取ることにした。

消費者への直接宅配やこだわりレストランへの出荷が好調で、経営も順調に発展し株式会社化しているとの噂だったが、連絡を取ったときの第一声は「夫が一昨年の11月に急逝しまして」だった。二人三脚で自然農法に取り組む以前の二人の姿が目に焼き付いていた私にとってかなりの衝撃だった。しかし、話はこれで終わらず、「けれど、地域の皆さんの支えがあり、去年の夫の命日に経営を株式会社にして、再出発している」とお聞きし、実際に調査に伺った。

紙幅の制約もあり詳細に記載できないのが大変残念だが、当初は夫が既に植え付けした種が圃場に残っていたので、その分だけは収穫・出荷して経営をたたもうと考えていた。ところがいざ収穫時期になると、ご近所さんや若年層から高齢者まで幅広い年代の地域の女性達が手伝いに来てくれた。出荷時期にも選別・調整作業だけでなく、新たな商品ラインアップの提案やレシピの開発をしてくれたという。

夫婦は、これまで新規就農者として何とか地域に溶け込もうと、寄り合いがあれば30分前にはお茶を沸かしに行き、最後は茶碗を洗い公民館の鍵を閉めて帰るということをずっと続けてきた。その一方で、やはり自分たちの農法は世間から見れば異端であり、集落・地域に溶け込めきれていないと思っていた。ところが、地域の人々が手を差し伸べてくれたまさにこの時、自分の経営は集落・地域とともにあると感じ、支えてくれた女性メンバーとともに株式会社を設立したという。

この事例は、今後われわれが次に取り組むべき課題を見事に描いている。これまで、われわれは、「地域農業が維持されるためには、家族経営から企業経営体まで多様な農業経営体が地域に広く存在していることが必要である」という仮説の検証を研究の最重要課題としてきた。しかし、農業の現場では、先進的農業経営体の誕生と地域との関係を考えるだけでなく、地域から見る先進的農業経営体の姿をどう捉えるか検討すべき時点に来ていると私は考えている。

この「おわりに」を執筆しているまさに今日、『農業経済研究』（第89巻第2号）にシリーズ前著『「農企業」のアントレプレナーシップ――攻めの農業と地域農業の堅持』の書評が掲載された。評者には、農業経営の発展過程における意思決定プロセスや経営管理手法、様々な支援組織による家族経営から企業経営への発展過程でのサポートのあり方、現場での実践的な意思決定の生の声を収めているといった点を評価されている。農企業をめぐる「教育」「研究」「普及」に取り組んできたわれわれの活動の成果を的確に評価され、このうえなくうれしいことであるが、今後の活動成果の還元に重圧を感じている。一方で、評者には、書籍全体を統一的な研究とすべく、われわれ編著者のねばり強い編集作業の必要性を指摘されている。さらに、前シリーズ「農業経営の未来戦略」で好評であった「より深く学びたい人のための用語集」を本書で再掲載したように、未来に向けた次世代型農業づくりを、より多くの人に向けて発信していきたいと考えている。われわれの試みに、皆様のさらなるご指導をお願いする次第である。

最後になるが、講座の運営および本書の企画には、農林中央金庫、農林中金総合研究所、大学関係者、そして農業生産者と、多くの方にお世話になった。個別に名を記すことはできないが、改めて厚く御礼申し上げたい。

編著者を代表して

２０１７年９月

京都大学大学院農学研究科生物資源経済学専攻

川﨑　訓昭

次世代型農業の針路Ⅱ 「農企業」のリーダーシップ
——先進的農業経営体と地域農業

2017年12月20日 初版第1刷発行

編著者 小田滋晃
伊庭治彦
坂本清彦
川﨑訓昭
発行者 杉田啓三

〒607-8494 京都市山科区日ノ岡堤谷町3-1
発行所 株式会社 昭和堂
振替口座 01060-5-9347
TEL (075) 502-7500/ FAX (075) 502-7501

印刷 亜細亜印刷

ISBN978-4-8122-1701-6
＊落丁本・乱丁本はお取り替えいたします
Printed in Japan

◇◆編者◆◇（50音順）

小田　滋晃（おだ　しげあき）

京都大学大学院農学研究科教授

1954年生まれ。1984年より大阪府立大学農学部助手を経て、1993年京都大学農学部附属農業簿記研究施設講師、助教授、2004年より現職。専門は、農業経済学、農業経営学、農業会計学、農業情報学。農業生産の現場に軸足を置きつつ、農業及び農業関連産業における「ヒト、モノ、農地、カネ」の関係や有り様をアグリ・フード産業クラスター、六次産業化や農商工連携をキーワードにして研究を行っている。

主な著書に『農業におけるキャリア・アプローチ』（編著、農林統計協会）、『ワインビジネス——ブドウ畑から食卓までつなぐグローバル戦略』（監訳、昭和堂）、「アグリ・フードビジネスの展開と地域連携」『農業と経済』（昭和堂）第78巻第2号など多数。

伊庭　治彦（いば　はるひこ）

京都大学大学院農学研究科准教授

1963年生まれ。全農札幌支所、滋賀県農業改良普及員、京都大学助手、神戸大学准教授を経て現職。専門は、農業経営学、農業組織論。

主な著書に『地域農業組織の新たな展開と組織管理』（農林統計協会、2005年）、『農業・農村における社会貢献型事業論』（編著、農林統計出版、2016年）など。

坂本　清彦（さかもと　きよひこ）

京都大学大学院農学研究科特定准教授

1970年生まれ。千葉大学園芸学部卒業後、青年海外協力隊員、農林水産省職員を経て、米国ケンタッキー大学でPh.D（社会学）取得。同大学非常勤講師などを経て、2014年4月より現職。専門は農業社会学、農村開発。

主な著書に「TPP交渉参加国の植物衛生検疫措置——紛争事例や地域主義を題材に」『農業と経済』79巻9号（2014年）など。

川﨑　訓昭（かわさき　のりあき）

京都大学大学院農学研究科特定助教

1981年生まれ。京都大学農学部卒業、京都大学大学院農学研究科博士後期課程研究指導認定。2012年より現職。専門は、農業経営学、産業組織論。

主な著書に『農業におけるキャリア・アプローチ（日本農業経営年報第7巻）』（共著、農林統計協会、2009年）。『農業構造変動の地域分析』（共著、農山漁村文化協会、2012年）など。

◇◆執筆者◆◇

東　祐希（あずま　ゆうき）

京都大学大学院農学研究科修士課程
1993年生まれ。京都大学農学部食料環境経済学科卒業後、京都大学大学院農学研究科修士課程に在学中。日本におけるアメリカ発祥のＣＳＡ（地域支援型農業）について研究を行っている。

狗巻　孝宏（いぬまき　たかひろ）

京都大学大学院農学研究科研究生
1993年生まれ。大阪経済大学経済学部卒業後、京都大学大学院農学研究科に在学中。主に都市農業の維持・振興や、農協の期待される役割について研究を行っている。

上西　良廣（うえにし　よしひろ）

農研機構食農ビジネス推進センター・研究員
1989年生まれ。京都大学農学部、京都大学大学院農学研究科修士課程を修了。2016年より現職。品種や栽培技術の普及に関する研究を行っている。
主な著書に「新たな農法による産地形成の実態――兵庫県豊岡市の「コウノトリ育む農法」を事例として」〔『進化する「農企業」』（昭和堂、2015年）所収〕。

加藤　千晶（かとう　ちあき）

三菱UFJリサーチ＆コンサルティング株式会社研究員
京都大学農学部食料・環境経済学科卒業。京都大学大学院農学研究科生物資源経済学専攻修士課程修了。2016年より現職。

木原　奈穂子（きはら　なほこ）

神戸大学大学院農学研究科学術研究員
1981年生まれ。京都大学大学院修士課程修了後、現職にて勤務。2013年より京都大学大学院農学研究科博士課程に在学中。現職による実践も踏まえながら、六次産業化や農商工連携を研究対象として、会計的側面から農業経営支援や戦略的農業経営に関する研究を行っている。

塩見　真仁（しおみ　まさひと）

たじま農業協同組合（JA たじま）営農生産部米穀課係長
1976 年生まれ。近畿大学法学部卒業、建設会社勤務を経てたじま農業協同組合（JA たじま）へ入組、2015 年より現職。米穀の営業統括担当者となり、コシヒカリを 19 種類に区分したブランド米の販売を手掛ける。ブランド米の中心的存在であり、かつ環境創造型農業のシンボルでもある「コウノトリ育むお米」は、海外にも販路を開拓し世界に向けて同米を積極的に普及している。

長命　洋佑（ちょうめい　ようすけ）

九州大学大学院農学研究院助教
2009 年より日本学術振興会特別研究員（PD）、2012 年京都大学大学院農学研究科特定准教授を経て、2014 年より現職。
主な著書に『農業経営の未来戦略Ⅰ　動きはじめた「農企業」（農業経営の未来戦略 1）』（共著、2013 年、昭和堂）など。
専門は、農業経済学、農業経営学。

長谷　祐（ながたに　たすく）

株式会社農林中金総合研究所研究員
京都大学大学院農学研究科博士後期課程研究指導認定。日本学術振興会特別研究員 DC、京都大学大学院農学研究科特定研究員などを経て、2017 年より現職。
主な著書に『農業におけるキャリア・アプローチ（日本農業経営年報第 7 巻）』（共著、農林統計協会、2009 年）、「次世代の地域農業を担う」〔『農業経営の未来戦略Ⅰ　動きはじめた「農企業」』（昭和堂、2013 年）所収〕など。

南石　晃明（なんせき　てるあき）

九州大学大学院農学研究院教授
1983 年農林水産省入省。農林水産省農業研究センター研究室長などを経て、2007 年より現職。
主な著書に『農業におけるリスクと情報のマネジメント』（農林統計出版、2011 年）、『TPP 時代の稲作経営革新とスマート農業――営農技術パッケージと ICT 活用』（南石晃明・長命洋佑・松江勇次［編著］、養賢堂、2016 年）他多数。専門は、農業経済学、農業経営学、農業情報学。

1　アカウンタビリティー

社会の了解や合意を得るために業務や研究活動の内容について対外的に説明する責任のこと。経営者が継続的に事業運営を行うためには、企業をモニタリングし、企業を操作しようとする利害関係者とのパワーバランスをとる必要があり、企業はそのためにアカウンタビリティ（説明責任）を履行する。

2　スモール・ワールド現象

知人をたどれば、世界中の人間と思いのほか身近な関係であるという仮説。アメリカ合衆国の心理学者ミルグラムが実験で、6人の知人を介せば世界中の人間とつながると主張したことに由来する。この現象によれば、狭い地域の人間も遠い外部との意外なつながりがあり、内部のみでは起こり得ない効果が生まれたりする。

3　集落営農

集落を単位として、農業生産過程において農地や農業機械等を全部又は一部について共同化・統一化して実施される営農活動および組織のこと。「農家が農業経営主体として自身が構成員である集落営農に作業委託する」、「集落営農が農業経営主体となり参加農家はその一構成員として組織の事業に従事する」等の多様な形態がある。近年は複数の集落を範囲とする大規模集落営農が増えつつあり、加工や販売など事業内容も多角化している。

4　プリンシパル＝エージェント論

依頼人（プリンシパル）が代理人（エージェント）に何らかの行為を委任する際に、どのような誘因を与えれば、エージェントの行為がプリンパルの目的・利益に合致するかを考察する理論。プリンシパル＝エージェント関係において、エージェントの職務遂行を逐一監視するため、プリンシパルには監視コストなどのエージェンシー費用が生じる。

5　ステークホルダー

企業・非営利団体等、またそれらが行う事業や種々の活動に対して利害関係を持つ人や組織機関を指し、株主・社員や顧客から地域社会や行政機関までも含める場合が多い。企業経営を律する仕組みである企業統治（コーポレート・ガバナンス）における考え方の一つである。ステークホルダー論では、経営方針や事業とステークホルダーとの間の双方向の影響の有り様(ありよう)を分析する。

6　省力化栽培技術

高齢化や労働力不足などの課題に対応するための様々な技術。水稲栽培において苗の移植に代えて種を直接播くことで作業時間やコストを抑える直播栽培技術、稲の周囲を生物分解される紙マルチシートで覆って日光を遮断し、雑草を抑制する紙マルチ移植栽培、育苗箱に高密度に播種した苗を高精度田植機で移植し、育苗箱数を大幅に削減する高密度育苗栽培技術などがある。

7　生物多様性保全型技術

生物多様性や環境保全と関連づけた栽培技術。農薬や化学肥料の使用を抑えることなどにより、生産性を維持し生産に影響のない範囲で、水田に生息する生物の保全に貢献する栽培を行うことである。その副次的効果として、保全された生物と関連付けて、農産物のブランド化につながることもある。

8　集落一農場方式

「一集落一農場方式」とも呼ばれる集落営農の一形態。集落内の農家が一つの組織経営体を設立し農業経営を行う方式である。集落営農組織は構成員から農地を一括受託することにより農業経営を一元的に行い、農地の持ち分や出役時間に応じて利益を各構成員に分配する。近年では複数集落を範囲とする大規模な同方式の集落営農が増えつつある。

9　産地リレー

天候・気候の影響を受けやすい野菜を安定した量と価格で供給できるように、異なる産地から時期を変えて周年供給する体制のこと。南北に長い日本列島をうまく使い、季節によって産地を切り替え、年間を通した安定供給を図る。産地の切替え時期には、仲卸業者が冷蔵倉庫での短期貯蔵による調整保管などを実施して供給の安定化を図っている。

10　系統出荷・販売委託・全量委託販売

一般に、農家が農産物を農協（JA）を通して出荷することを系統出荷という。個々の出荷量はわずかでも、農協がまとめて出荷・供給計画にしたがって卸売市場や大口需要者に販売できるという合理性がある。その際、農業者は農産物をJAに販売するのではなく、形式上、手数料を払って販売を委託することが一般的で、これを販売委託という。JAがいかに有利に農産物を販売するかにより農業者の売り上げが左右される。全量委託販売は系統全利用ともいい、農業者が農産物の全量をJAに委託販売することを指す。

11　市場外流通

一般に、卸売市場を通さずに取引される農産物・生鮮食品等の流通のこと。卸売市場は生鮮食品等を円滑・安定的に供給する重要な役割を果たしているが、近年は社会経済条件の変化や技術革新により流通経路が複雑化し、市場外流通の割合が増加している。市場外流通には、生産者から消費者への直接販売、出荷者から加工業者等へ大口需要者への契約を通じた直接販売、特に輸入品では商社から大口需要者、加工業者、小売業者への直接販売などの形態がある。

12　実行組合

集落を単位とする農業生産者の組織であり、農事実行組合、農業改良組合、農業生産組合等の名称で呼ばれる。農業集落における農業者間の共同活動や農地利用の計画・調整・実施、さらには行政やJA組織の末端事務等を担う。

13　全国農業会議所

広く農業・農業者の立場を代表し、農業の健全な発展を図る全国組織。2015年に改正された農業委員会等に関する法律（農業委員会法）により、農業委員会ネットワーク機構に指定される一般社団法人として、市町村で農地利用の最適化を担う農業委員会のサポート、新規参入支援や担い手の組織化・運営の支援等の業務を行う。

14　共同賦役

農道や用排水路など、非農地所有者も含めて地域住民が利用し便益を受ける農業生産資源を共同で保全・管理する労働・作業のこと。共同での保全・管理活動において、自らの責任を果たさず他人の労働に甘えて「ただ乗り」する個人がいたり、農地の所有者が出約するのか、農作業の受託者が出役するのかが問題になることがあるので、集落として適切に賦役が実行されるよう調整が必要となる。

15　出作・入作（出入り耕作）

自分の所属している集落・地域の外に田畑を所有したり借地をして、その地区へ出かけて耕作することを出作という。出作を受け入れる側の地区にとっては入作となる。近年では出作・入作には農作業の受委託が関わることが多く、作業の内容のほか出作先での共同賦役の取り決め等、契約時に入念な確認が必要となる。

16　農用地利用増進法

農地の流動化を促進するために、1980 年に農地法に対する特別法して施行された法律。同法に基づく「利用権」による農地貸借は、その年限が設定されることから、農地所有者の「貸した農地を返してもらえない」という不安を払拭する効果が期待された。なお、農用地利用増進法は 1993 年に農業経営基盤強化促進法に改正され、地域的な合意のもとに認定農業者に優先的に農地集積を図り規模拡大を支援する施策としての機能を有することになった。

17　農地中間管理機構

農業者の高齢化や後継者不足などで生じた耕作放棄地や遊休農地を、認定農業者や集落営農組織等の担い手に貸し付ける公的機関のこと。「農地バンク」とも呼ばれ、その主な役割は個人が所有する農地や耕作放棄地を借り受け、新たな借り手がみつかるまで農地を維持・管理し、農地を貸した農業者から賃料を受け取り、農地所有者へ支払う仲介役となることである。

18　バリューチェーン

マイケル・ポーターが著書『競争優位の戦略』で用いた概念で、原材料が最終商品になるまでの間の一連の各段階で、企業が購買した原材料等に加工などにより価値（バリュー）を付加していくという考えのこと。バリューチェーン概念は、事業活動のどの工程で付加価値が生まれているかを分析するフレームワークとなり、事業を様々な活動に細分化し、そこから事業の競合優位となるポイントを把握することで、事業戦略立案に役立つ。